云计算技术在计算机大数据分析中的应用研究

柏世兵 著

中国纺织出版社有限公司

内 容 提 要

随着计算机技术的逐渐发展和应用，数据信息量也逐渐增大，为了高效处理海量的数据信息，云计算技术的出现，很好地解决了这个问题。基于此，本书从当前计算机大数据分析的概况出发，阐述了计算机大数据和云计算技术的内在关系，对计算机大数据分析中的云计算技术应用进行分析与探究，希望为相关人员提供一些帮助和建议，发挥云计算技术的分析优势，更好地进行计算机大数据分析，提高数据处理、分析的效率。

图书在版编目（CIP）数据

云计算技术在计算机大数据分析中的应用研究 / 柏世兵著. -- 北京：中国纺织出版社有限公司，2023.4（2024. 8 重印）

ISBN 978-7-5229-0538-9

Ⅰ. ①云… Ⅱ. ①柏… Ⅲ. ①云计算②数据处理 Ⅳ. ①TP393.027②TP274

中国国家版本馆 CIP 数据核字（2023）第 072411 号

责任编辑：张 宏　　责任校对：高 涵　　责任印制：储志伟

中国纺织出版社有限公司出版发行
地址：北京市朝阳区百子湾东里 A407 号楼　邮政编码：100124
销售电话：010—67004422　传真：010—87155801
http://www.c-textilep.com
中国纺织出版社天猫旗舰店
官方微博 http://weibo.com/2119887771
北京虎彩文化传播有限公司印刷　各地新华书店经销
2023 年 4 月第 1 版　2024 年 8 月第 2 次印刷
开本：787×1092　1/16　印张：11.75
字数：248 千字　定价：98.00 元

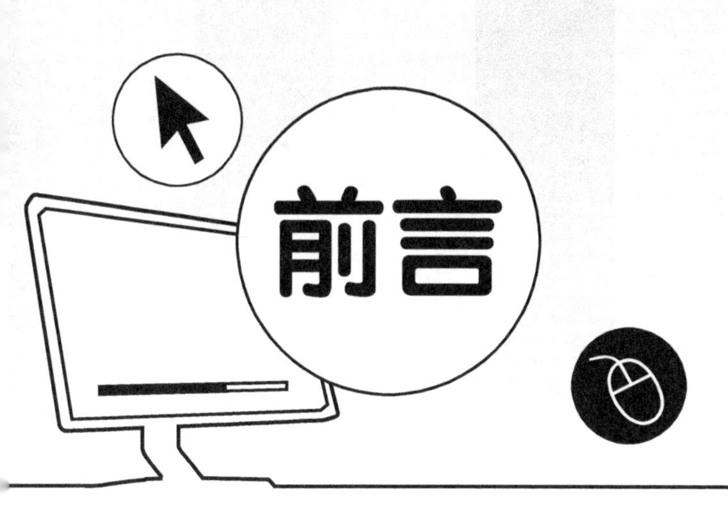

大数据时代的到来为云计算技术提供了良好的运用空间和应用环境，云计算技术得到了升华，企业可通过云计算技术实现飞速发展，提高自身在行业中的地位，通过正规的手段，灵活调用各类数据信息，帮助企业完成进步和蜕变。云计算技术结合云储存技术、信息安全技术和虚拟技术等，企业在采集、处理自身数据的同时，也为用户和其他企业提供了可靠的数据支持和发展规划。云计算技术可为企业提供科学合理的决策，让企业在未来的发展道路上不再迷茫，使企业在这个充满竞争的时代能够脱颖而出，实现企业价值和经济收益的增长，让企业变得更加强大，发展方向和目的更加明确，从而实现自身价值，为社会发展做出巨大贡献。

云计算技术是一种基于互联网的分布式计算模型，其提供了基于服务的计算、存储和网络资源，使用户可以随时随地获取所需的计算和存储资源，从而满足大数据分析对高性能计算和存储资源的需求。云计算技术的出现，极大地促进了大数据分析的发展，并为大数据分析提供了高效、灵活、安全的计算和存储资源。

本书将探讨云计算技术在计算机大数据分析中的应用研究，重点介绍云计算技术在大数据处理和分析中的应用场景、技术特点及优势，并阐述云计算技术在大数据分析中存在的挑战和未来发展方向。

著者

2023 年 2 月

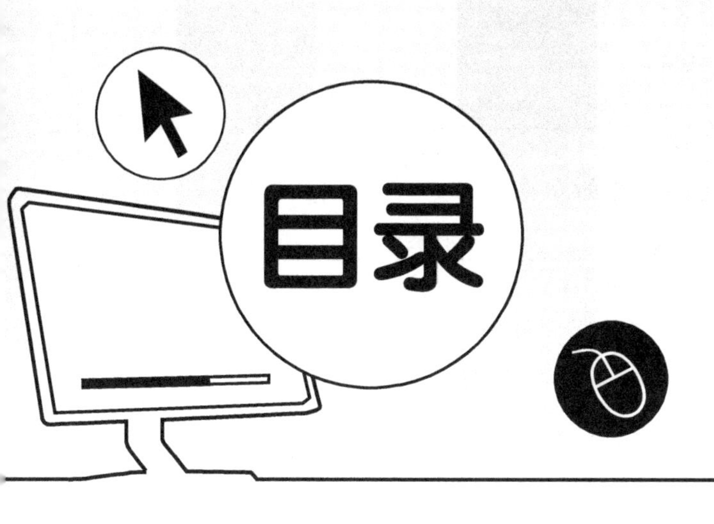
目录

第一章
导 论

第一节 研究背景

随着信息化时代的到来，计算机技术的应用越来越广泛。尤其是在大数据分析领域，计算机技术的应用更是受到了空前的重视。然而，随着数据量的急剧增加，计算机处理数据的速度和效率也面临着极大的挑战。为了解决这一问题，云计算技术应运而生，并在大数据分析中得到广泛的应用。

云计算技术是一种以互联网为基础的计算模式，它可以将计算资源、存储资源和软件应用服务等资源进行统一的管理和分配，方便用户根据需要灵活地使用这些资源，同时也可以根据实际情况动态地调整资源的使用情况。云计算技术具有高可用性、高伸缩性、高性能等特点，可以为大数据分析提供强大的支持。

在大数据分析中，云计算技术的应用可以带来许多好处。首先，云计算技术可以帮助用户降低计算成本，提高数据处理效率。由于云计算平台可以提供弹性计算、弹性存储等服务，用户可以根据实际需要动态地调整计算资源和存储资源的使用情况，从而避免了由于资源浪费而导致的成本浪费。其次，云计算技术可以帮助用户提高数据安全性。由于云计算平台可以提供安全加密、安全备份等服务，用户可以更加放心地将数据存储在云端，避免了因为数据泄露而导致的损失。此外，云计算平台还可以提供高可靠性、高可扩展性等服务，可以帮助用户在处理大数据时更加稳定和高效地工作。

但是，云计算技术在大数据分析中的应用也面临一些挑战。首先，由于云计算平台的复杂性，需要用户具备一定的专业知识才能充分利用云计算平台的功能。此外，由于大数据分析的过程需要大量的计算资源，云计算平台的性能也是一个关键问题。同时，由于数据量巨大，传输数据的带宽和延迟也会对云计算平台的使用产生影响。

综上所述，云计算技术在大数据分析中的应用研究具有非常重要的意义。通过研究如何更加有效地利用云计算技术来处理大数据，可以提高大数据分析的效率和准确性，同时也可以降低计算成本和数据安全风险。因此，云计算技术在大数据分析中的应用研究已经成为当前计算机科学领域的一个热点问题。

在具体的研究中，有几个方面值得重点探讨。首先，需要研究如何利用云计算平台的弹性计算和弹性存储等功能，实现大数据分析的自适应调整，提高计算资源的利用效率。其次，需要研究如何利用云计算平台的安全加密和安全备份等功能，保护大数据分析过程中的数据安全。此外，还需要研究如何利用云计算平台的高可靠性和高可扩展性等功能，提高大数据分析过程的稳定性和可靠性。

此外，云计算技术和大数据分析领域都是发展迅速的领域，研究人员需要关注最新的技术和应用趋势。例如，在云计算技术方面，当前趋势是以容器化技术为代表的微服务架构和无服务器架构的发展；在大数据分析方面，当前趋势是将机器学习和人工智能等技术应用于数据分析过程中。因此，研究人员需要不断关注最新的技术和应用趋势，将其应用于云计算技术和大数据分析领域的研究中，推动领域的发展和进步。

总之，云计算技术在大数据分析中的应用研究是一个具有广泛应用前景和深远意义的领域。通过研究如何更好地利用云计算技术来处理大数据，可以为企业、政府和学术界等提供更加高效、准确和安全的数据分析服务，同时可以推动计算机技术的不断发展和创新。

第二节　研究综述

一、国外研究综述

美国是全球云计算技术的领先国家之一，该国的大数据分析领域也处于世界领先水平。美国在大数据分析和云计算技术领域的研究和应用主要有以下几个方面：

利用云计算技术实现大规模数据处理和分析。美国的许多企业和机构都将自己的大数据分析任务交给云计算服务提供商处理，通过利用云计算平台的高性能计算和弹性计算等特点，实现大规模数据的处理和分析，提高了数据分析的效率和准确性。

利用云计算平台实现大规模机器学习和深度学习等任务。美国的许多机构和企业都在云计算平台上开展机器学习和深度学习等任务，通过利用云计算平台的高性能计算和弹性计算等特点，提高了机器学习和深度学习等任务的效率和准确性。

利用云计算技术实现数据安全和隐私保护。在大数据分析领域，数据的安全和隐私保护是一个重要的问题。美国的许多机构和企业都在云计算平台上实现了数据的安全加密和安全备份等功能，保护了数据的安全和隐私。

英国在大数据分析和云计算技术领域也处于世界领先水平，该国的研究和应用主要有以下几个方面。

利用云计算技术实现大规模数据处理和分析。英国的许多企业和机构都将自己的大数据分析任务交给云计算服务提供商处理，通过利用云计算平台的高性能计算和弹性计算等特点，实现大规模数据的处理和分析，提高了数据分析的效率和准确性。

利用云计算平台实现大规模机器学习和深度学习等任务。英国的许多机构和企业都在云计算平台上开展机器学习和深度学习等任务，通过利用云计算平台的高性能计算和弹性计算等特点，提高了机器学习和深度学习等任务的效率和准确性。

利用云计算技术实现数据可视化和决策支持。在大数据分析领域，数据可视化和决策支持是一个重要的问题。英国许多机构和企业都利用云计算技术实现了数据可视化和决策支持等功能，帮助用户更好地理解和利用大数据，提高了数据分析的效率和准确性。

德国在大数据分析和云计算技术领域的研究和应用也比较活跃，主要包括以下几个方面。

利用云计算技术实现大规模数据处理和分析。德国的许多企业和机构都将自己的大数据分析任务交给云计算服务提供商处理，通过利用云计算平台的高性能计算和弹性计算等特点，实现大规模数据的处理和分析，提高了数据分析的效率和准确性。

利用云计算平台实现大规模机器学习和深度学习等任务。德国的许多机构和企业也在云计算平台上开展机器学习和深度学习等任务，通过利用云计算平台的高性能计算和弹性计算等特点，提高了机器学习和深度学习等任务的效率和准确性。

利用云计算技术实现数据安全和隐私保护。在大数据分析领域，数据的安全和隐私保护同样是一个重要的问题。德国的许多机构和企业也在云计算平台上实现了数据的安全加密和安全备份等功能，保护了数据的安全和隐私。

二、国内研究综述

云计算技术是指基于互联网的数据中心资源共享和虚拟化技术，将计算、存储、网络、软件等 IT 资源以服务方式提供给用户。随着大数据时代的到来，云计算技术成了处理和分析大数据的一种重要手段。国内研究者对于云计算技术在大数据处理和分析中的应用进行了广泛研究和应用，主要有以下方面。

（一）基于云计算技术的大数据处理与分析研究

该综述从大数据的概念、云计算的基本原理和架构、大数据处理和分析的技术以及云计算与大数据处理的结合等方面进行了系统介绍和分析，重点讨论了云计算在大数据处理和分析中的优势和应用。

（二）基于云计算的大数据处理技术研究综述

该综述从大数据的特点、存储和处理技术以及云计算的基本原理和优势等方面进行了系统的介绍和分析，重点讨论了云计算在大数据处理中的应用场景、技术挑战和未来发展趋势等方面的问题。

（三）云计算技术在大数据处理与分析中的应用综述

该综述从大数据的特点和挑战、云计算的基本概念和技术架构、云计算在大数据处理和分析中的应用场景以及优缺点等方面进行了系统介绍和分析，重点讨论了云计算在大数据处理和分析中的应用实例和发展趋势等问题。

（四）基于云计算的大数据分析技术研究

该综述从大数据分析的需求和挑战、云计算的概念和架构、大数据分析的技术以及云计算在大数据分析中的应用等方面进行了系统的介绍和分析，重点讨论了云计算在大数据分析中的优势和应用实例，并展望了未来的发展趋势。

（五）云计算技术在大数据分析中的应用及发展趋势综述

该综述从大数据分析的特点和挑战、云计算的基本原理和架构、云计算在大数据分析中的应用场景以及优劣势等方面进行了系统的介绍和分析，重点讨论了云计算在大数据分析中的应用实例和发展展望，并提出了云计算在大数据分析中的未来发展和研究方向。

综上所述，国内研究者对于云计算技术在大数据处理和分析中的应用进行了广泛的研究和应用，并对其发展趋势进行了深入的探讨。未来，随着大数据的不断增长和应用场景的不断拓展，云计算技术在大数据处理和分析中的应用将会得到进一步的深化和拓展，同时，也会面临更多的机遇和挑战，需要研究者们不断探索和创新，提出更加优秀的解决方案，促进云计算技术和大数据处理与分析的发展。

第二章

云计算的基本概念

第一节　云计算的概念

一、云计算相关概述

云计算技术的出现是并行计算技术、软件技术、网络技术发展的必然结果。计算机的并行化是它的萌芽期，人们不满足于CPU摩尔定律的增长速度，希望把多个函数并联起来，从而获得更快的计算速度。这种方法被证明是相当成功的。

（一）云计算的概念及优点

1. 云计算的概念

云计算能为用户提供按需分配的计算能力、存储能力以及应用能力，最后的目的是方便用户，极大地降低用户的软硬件采购费用。云计算是分布处理、并行处理、网格计算的综合发展，也是虚拟化、SaaS（软件服务）、HAS（硬件服务）、PaaS（平台服务）等综合应用的结果。或者说是这些计算机科学概念的商业实现。许多跨国信息技术行业的公司如IBM，Yahoo和Google等正在使用云计算的概念兜售自己的产品和服务。只要我们有一部手机或者一台笔记本电脑，通过浏览器客户端就可以得到自己想要的服务，甚至包括像超级计算这样的服务。其实，在这个方面，用户才是云计算的拥有者。简单地说，云计算就是利用互联网上处理数据的能力与大型数据计算中心软件，把复杂的计算脱离开单机，运行到互联网上。

2. 云计算的优点

任何云计算的分析都必须致力于这一新兴技术所带来的优点和缺点。云计算有很多优点。

（1）更低成本的用户电脑及软件

由于应用程序在云中而不是在台式机上运行，台式计算机并不需要传统的桌面软件所要求的处理能力和硬盘空间。因此，用户的计算机可以是低价的、具有较小的硬盘、更少的内存、更高的处理器等。用户也无须为自己的台式机购买单独的软件包，只有实际使用应用程序的员工需要访问云中的应用程序。即使使用基于Web的应用和使用类似的桌面软件功能花费相同，IT人员也节省了在组织中的每个桌面上安装和维护这些程序的费用。

（2）更高的性能和较强的计算能力

在云计算中计算机的启动和运行速度将会更快，因为他们只需将少量的程序和进程加载到内存中。云计算使用了数据副本容错、计算节点同构可互换等措施来保障服务的可靠性，使云计算比本地计算机更可靠。同样，在云计算中你不只局限于一台单独的计算机做事情，我们可以利用成千上万台计算机和服务器的数据，执行超级计算类的任务。所以，云计算赋予用户前所未有的计算能力，可以尝试完成比桌面上更大的任务。

（3）无限的存储容量和高效的数据安全

台式机和笔记本电脑即将用完的存储空间，与云中可以使用的数百 PB（100 万千兆字节）容量相比，它们是那么的微不足道。由于云计算提供了无限的存储容量，与单独的台式机相比，在硬盘崩溃时不至于摧毁所有的数据。云中的数据是自动复制的，不会带来任何损失。即使你的计算机崩溃了，数据仍在云里，仍然可以访问。云计算在一定程度上保证了数据的安全性。

（4）改进了操作系统之间的兼容性并增强了群组之间的协作

在云里不针对特定的应用，在云的支撑下可以构造出各种应用。操作系统并不重要，可以将 Windows 计算机连接到云和运行的其他操作系统（例如 Unix、Linux 等）共享文件。能够让许多用户在文档和项目上协作也是云计算的优势之一。在不同的地理位置、不同的工作空间里共同做一个项目工作，群组的协作意味着的大多数群组项目的更快完成。因为它使相关的人员全部参与，不受地理位置、空间因素的限制。利用云计算，任何人在任何地点都可以实时协作。

（5）扩展性强及用户使用方便

云的规模可以根据实际情况进行伸缩，满足用户和应用增长的需求。同时也消除了用户对特定设备的依赖，凭借云，用户的应用和文档仍然跟随用户。用便携的设备，同样使用自己的应用和文档。不用按照特定的设备购买特定版本的程序，或者按照设备特定的格式保存文档。

（二）现有的云计算平台

现有的各个云计算平台技术主要可以划分为 3 个，以数据存储为主的存储型云平台、以数据处理为主的计算型云平台以及计算和数据存储处理兼顾的综合云计算平台。

1. 存储型—数据密集云平台

存储型—数据密集云计算平台就是主要以提供数据存储、搜索服务为主的云计算平台，通过为客户提供安全便利的云存储服务来赢取客户。云存储是利用云计算中服务器集群强大的存储能力为客户保存数据，用户不需要知道自己的文件是存储在一个服务器节点上还是多个节点之中，也不需要知道节点是否可信，这些都将由云服务器来处理解决。云存储的实现并不存在技术上的障碍，它需要云设备、云软件、云服务等有机地集合在一起、为用户提供无障碍的云服务。

现有的云计算提供商都提供基本的云存储服务，这些存储服务都是基于各自提出的分布式文件存储系统。Google 拥有如今最大的信息库和知识库，对海量存储有自己的独特之处，提出的 GFS 文件存储系统能实现对文件系统实时监控、容错检测、自动恢复等功能，是建立在不可信节点的存储条件下的相对优良的文件系统。它对于大型的文件的管理是高效的，优化程度也很高，但是对于小文件的存储并没有提供有效的优化方案，使得它并不能完全适应云计算环境下的海量的小文件存储。FastDFS 是一个开源的文件系统，也在大容量存储和负载均衡上做得很优秀，但是在小文件存储上却没有合理的优化。

2. 计算型—计算密集云计算平台

计算型—计算密集云计算平台就是主要以数据计算、处理服务为主的云计算平台，为用户提供相应级别的高性能计算环境。用户还可以根据自己的需求选择相应的计算能力。通过云计算平台的高性能计算能力，用户和企业均能获得与现有的大型机相媲美的计算能力，进行大规模的数据处理计算，为企业和个体用户提供了方便。

3. 综合云计算平台

综合云计算平台是将云计算强大的存储与超能力的计算有效地整合，在合理利用云集群存储节点的存储空间的同时，不浪费各个节点的计算能力，通过相应的策略实现集群存储和运算能力的整合，对数据进行处理计算。

（三）云计算的关键技术

基于云计算特点以及特有的开发平台方式，概述了云计算与网格计算以及传统的超级计算的区别，总结了云计算的关键技术：编程模式、数据存储技术和管理技术、虚拟化技术。云计算以数据为中心，是一种数据密集型的新型的超级计算方式。下面对这三大关键技术做一个介绍。

1. 简单方便的编程模式

在云计算系统中，简化了系统处理过程的复杂性。编程模式方便简单，为用户享受云计算提供的云后端资源提供了方便。简单的编程模式成为云计算发展的未来趋势，后台的并行执行和任务调度提供了开源的代码，使编程人员可以更专注于业务逻辑、分析和编写出更实用的应用程序。Google 提出的 Map Reduce 编程模式是当今比较流行的云计算编程模式。在云计算、并行处理和多核计算上 Map Reduce 都具有良好的性能，但仅适用于编写数据处理和高度并行化的程序。

2. 数据的存储及管理

由于云计算需要满足大量的用户需求，并行地处理用户服务请求，因此，在云中的分布式数据存储技术具有的高吞吐率特点正好能及时满足这类需求。同时云计算中也采用冗余存储技术提高存储数据的可靠性。现在云计算数据的存储技术主要有 Google 的 GFS 和 Hadloop 团队开发的开源体系 HDFS（HadoopDistributedFileSystem）。云计算对大量的数据进行了高效的管理、读取和分析，对数据的读操作远高于数据的刷新频率，所以，云计算的数据管理技术是比较优先的数据管理模式。其中现有的数据有力技术主要有 Google 的 Big Table。

随着技术的进一步发展，数据的更新速率和随机读取速率的提高将成为数据管理技术面临的主要问题。

3. 虚拟化技术

可行的虚拟化技术云计算关键技术之一是虚拟化技术。虚拟机对云计算资源的管理具有特殊的作用。虚拟机是一类特殊的软件，能够完全模拟硬件的执行，以及在上面运行操作系统，执行环境与物理环境隔离，有利于应用程序的部署。在云计算环境中，虚拟化技术有如下良好的特性。

与虚拟机平台运行的应用程序同时进行，云计算中的计算平台可以动态地定位到所需的物理平台。

能够节约主机资源，将多个负载次要的虚拟机节点合并到同一个物理节点上。在不同的物理节点上实施动态迁移，能够获得负载平衡。

在资源管理和部署上比较灵活，可以将虚拟机直接部署到物理计算平台上，或者直接给用户提供虚拟机资源服务，如亚马逊的 EC2。虚拟化技术在云计算中应用，提高了云计算资源管理的效率，动态地为用户提供了及时的服务。

二、No SQL 技术

（一）NoSQL 技术的概念与定义

NoSQL 至今也没有统一的定义，这里引用 Wikipedia 的定义：NoSQL（有时扩展为“notonly SQL”）是不同于传统关系数据管理模型的非关系松散数据存储类型，不使用 SQL 作为其查询语言。这种数据存储不需要固定的表结构，不支持表之间的连接操作和水平分割，也不会保证 ACID（原子性、一致性、隔离性和持久性）的全部满足。

（二）NoSQL 技术的发展及趋势

随着计算机和网络技术的迅猛发展，互联网日益普及，网络数据呈指数形式增长。同样，在科学领域，新技术层出不穷，更新换代的周期越来越短，高技术的设备带来的是更大规模的数据量，这使我们进入了海量数据时代。如何存储和管理这些海量数据就成为当下有待解决的大挑战。计算机领域的大牛们面对这样的挑战也是各显神通，新的概念也应运而生。

云计算就是其中重要的一例，给计算机领域带来新的革命，它完全改变了数据的存储模式。云计算概念的出现对技术的发展起着极大的推动作用。各国也开始架构以云计算为基础的基础架构，随着 Google 等企业的推动，已经出现了很多基于云计算平台的现实应用。云计算的核心思想是将分散的海量计算资源通过网络互连形成抽象的资源池，通过统一管理和调度按需向用户提供服务，用户层面云计算资源的使用就相当于生活中用水用电一样，按需随时取用，相当方便。不过现在这仅仅是一个美好的愿景，在实际操作中仍存在很多问题，最为突出的是海量数据存储和容错处理。

此外，云计算系统往往是采用廉价、不可靠的计算机来搭建集群，因此出错概率高于传统的分布式数据库中的高性能服务器。这个问题随着集群规模的增大显得尤为突出。为了解决云计算系统实施过程中遇到的问题，出现了很多以云概念为基础的平台，其中包括云存储平台，而 NoSQL 数据库就是其中之一。NoSQL 数据库是在云计算的兴起以及关系型数据库面对海量数据出现瓶颈的推动下成长起来的。它打破了传统关系数据库的范式约束。关系数据库的许多主要特性面对当前的挑战非但无用武之地，反倒掣肘系统的功能及性能。比如，对于数据库事务一致性需求、写实时性和读实时性的需求以及复杂的 SQL 查询，特别是多表关联查询等。因此，各种 NoSQL 数据库放弃了关系数据库强大的 SQL 查询语言和事务一致性及范式的约束，或采用面向文档的方式以保证系统满足海量数据存储的同时具备良好的查询性能，或采用 Key-Value 数据格式的存储以满足极高的并发读写性能，又或者针对可扩展性展开的可伸缩数据库以增强其弹性的扩展能力。近年来，随着 NoSQL 运动的蓬勃发展，人们从初期的打破传统的关系数据库约束逐渐演变成对当今数据存储及管理可行且高效灵活的方案的探求，这与云数据管理的目的是极为相似的。在云数据管理中，我们同样要解决的是传统的关系数据库在数据及查询压力下所暴露出的实时插入性能、海量存储能力、查询检索速度以及无缝扩展等问题。NoSQL 数据库与云数据管理两者殊途同归，从满足应用需求的角度来说，最终都渴求找到一种集一致性、可用性和高容错性于一身的数据存储及管理方案以应对日益高涨的数据管理需求。

（三）No SQL 的关键技术研究

1. CAP 理论

C：Consistency 一致性

A：Availability 可用性

P：PartitionTolerance 分区容错性

一致性是指一个系统在操作完成之后能否以及怎样保持一致状态。如果一些写操作完成更新之后所有读者都能在共享数据源中看到更新，则这个分布式系统被认为是典型的一致性系统。

可用性，尤其是高可用性意味着在例如集群中节点失效或者软硬件因为升级而掉线等情况下该系统还能继续运行完成读写操作。

分区容错性可以理解为存在网络分区的情况下系统继续运行的能力。比如网络节点中有两个或者多个孤岛不能彼此联系。也有人把分区容错理解为系统处理动态添加和删除节点的能力。

CAP 理论是在 2000 年由 Brewer 教授提出的，因此也叫它 Brewer 理论。而后 Seth Gilbert 和 Nancy Lynch 证明了该理论的正确性。CAP 理论指出，一个分布式系统不可能同时满足一致性、可用性和分区容错性，最多只能同时满足其中两个。如果关注的是一致性，就需要处理因为系统不可用而导致的写操作失败等情况，而如果关注的是可用性，系统的读操作可能不能读取到写操作写入的最新值。因此，在实际应用中要根据系统的关注点采用相应的策略。

Brewer 教授认为当前的数据库注重一致性多于可用性，大范围的数据库不能同时拥有这两个。

2. ACID 与 BASE

如今互联网因其维基，博客，社交网络等产生了巨大的还在不断增长的数据需要被处理、分析和传递。企业、组织和个人在这个领域提供的应用或者服务不得不由他们对于性能、可靠性、可用性、一致性和持久性的个人需求来决定。据上文所述 CAP 理论声明一个选择只能从一致性、可用性和分区容错性中选择两个。对于日益增长的应用和用例可用性和分区容错相对于一致性更重要。这些应用必须可靠即可用和冗余。这些特性很难通过 ACID 获得，因此像 BASE 这样的方式就被采用。

ACID 是关系型数据库中所强调的原子性（Atomicity）、一致性（Consistency）、隔离性（Isolation）和持久性（Durability）。ACID 的目的是通过事务支持保证数据的完整性和正确性。相较于 CAP 理论，ACID 能保证一致性和可用性，但很难实现分区容错，这使关系数据库很难扩展。而如果将关系型数据库的表分开存储在不同的计算机上，可用性很难保证。对于许多互联网用户，可以降低一致性要求，但是可用性必须保证，这样就产生了弱一致性的 BASE 理论。

BASE 分别是 Basically Available Soft-state Eventual consistency 的缩写。有人通过以下方式总结了 BASE 的特性：一个应用基本上都能工作（Basically available），没有必要一直保持一致（Soft-state）但必须保证最终一致（Eventual consistency）。BASE 模型是反 ACID 模型，完全不同于 ACID 模型。No SQL 就是通过降低数据的一致性和完整性要求，寻求 CAP 理论中的 A 和 P 增加对分区容错的支持来满足高并发的需求。这就需要 BASE 理论作为理论基础。

3. 最终一致性

最终一致性就是过程松，结果紧，最终结果必须保持一致性。为了更好地描述一致性，本文将通过以下场景说明，这个场景由三部分组成：存储系统（可以理解为黑盒子，提供可用性和持久性保证），进程 A（主要实现存储系统上 Write 和 Read 操作），进程 B 和 C（B 和 C 也是实现对存储系统的 write 和 read 操作），A，B，C 三个进程相互独立。

强一致性：又名即时一致性，假如 A 先写了一个值到存储系统，存储系统保证后续 A，B，C 的读操作都将返回最新值。

弱一致性：假如 A 写入一个值到存储系统，存储系统不能保证后续 A，B，C 的读操作能读取到最新值。此时有一个“不一致性窗口”的概念，特指从 A 写入值到后续 A，B，C 读操作读取到 A 写入的最新值这段时间间隔。

最终一致性：它是弱一致性的一种特例。假如 A 先写了一个值到存储系统，存储系统保证如果在 A，B，C 后续读取操作之前没有其他写操作更改同样地址时，最终所有的读操作都能读取到 A 写入的最新值。此时，如果没有失败，“不一致性窗口”的大小取决于交互延迟，系统负载，以及复制技术中复制的个数。DNS 系统是最终一致性的典型范例，当更新一个域名的 IP 后，不管配置策略和缓存控制策略有何不同，最终所有用户都能看到最新的值。

三、云计算中心资源分配

（一）云计算中心资源分配概述

云计算通过使用最少的管理工作或服务提供商交互快速供应和发布可配置计算资源的共享池，利用网络向用户提供按需服务。提供三种可选择的服务模式：基础设施即服务（Iaas）、平台即服务（Psss）以及软件即服务（Saas）。面对用户对于计算、存储等资源的需求，用户可以使用云计算提供的服务，利用第三方运营的集中资源进行处理，而不再仅仅依赖于本地资源，如同使用水电、天然气一样方便快捷。

1. 云计算中心的不同角色

云计算资源提供商（Cloud Computing Infrastructure Providers，CCIPs）：CCIPs 拥有大规模硬件设备，在云计算体系架构中拥有核心地位，数据中心的建设、运行以及维护由其负责。通过资源管理及调度技术，CCIPs 对数据中心的资源池进行统一分配管理，云计算其他角色所需的计算、存储及网络资源和云计算环境所需软硬件设备及解决方案均由 CCIPs 提供。

云计算服务提供商（Cloud Computing Service Providers，CCSPs）：CCSPs 在云计算体系架构中用于为上层用户提供应用服务，并且应用的部署依赖于 CCIPs 提供的基础设施资源，包括虚拟机资源、云平台，由 CCSPs 按照自身需求进行租用。因为 CCSPs 在数据中心部署了大量种类繁多的应用，并且应用需要并行执行，所以数据中心呈现资源规模大、用户需求多样化、多任务并发执行的特点和需求。

用户（Users）：Users 通过移动设备或客户端访问云计算环境中的各种服务，在云计算体系架构中位于最上层。Users 有两种使用服务的方式：一种是直接租用 CCIPs 所提供的计算、存储及网络资源；另一种是使用 CCSPs 所提供的应用服务。Users 分为企业用户及个人用户。

由云计算中心不同角色组成的云计算资源分配，其中，资源映射是指根据资源提供方案，CCIPs 定制合理的资源映射方案，在底层数据中心的物理服务器上映射 CCSPs 租用的虚拟机实例。

2. 云计算中心的资源

数据中心（Data Center，DC）：DC 作为云计算的核心设施，在结构上由大规模的节点采用分布式的方式连接而成，节点包含网络节点、计算节点以及存储节点。云计算执行任务的基础设备由 DC 的计算节点及存储和网络设备组成，云计算的资源池由多个 DC 采用虚拟化技术构成。

资源池（Cloud Resource Pool，CRP）：云计算通过虚拟化技术搭建的共享可配置计算资源集合，称为“资源池”。CRP 包含了大规模的计算节点，并具有地点独立性。用户在使用 CRP 所提供的资源时，对资源的准确位置无序了解，但指定资源的大致位置可以通过利用云计算交互界面获取，如数据中心、地区或国家等。根据应用对物理资源和虚拟资源的需求，分配及重分配资源是 CCIPs 实现高效管理云计算资源的常用方法。

物理服务器（Physical Machine，PM）：PM 是云数据中心核心的硬件设备，属于资源分配的对象，是云数据中心的构成基础。此外，PM 作为虚拟机运行的基础设施，在实现云数据中心虚拟化方面具有不可替代的作用。

虚拟机（Virtual Machine，VM）：VM 是一个用以替代真实计算机作用的镜像文件。用户在 PM 上启动该镜像文件后，操作 VM 的效果与操作真实的计算机效果一致。VM 镜像启动或停止由 CCIPs 按照用户的需求随时决定。在 VM 运行时，该镜像文件允许被用户进行更改配置，并且在磁盘上能够实现永久存储。

物理资源（Physical Resource，PR）：PR 作为一个资源集合，由 CRP 中物理设备资源组成，包含了内存、CPU、I/O 及磁盘等资源。

虚拟资源（Virtual Resource，VR）：通过虚拟化技术，云计算将 PR 中的资源实现虚拟化，例如计算、存储以及网络等虚拟资源。

在上述资源概念中，物理服务器及虚拟机对应于 DC 层次，物理资源及虚拟资源对应于资源池层次。

3. 云计算中心资源调整场景

CCSPs 将开发的应用部署到云计算环境中，应用被放置在不同的虚拟机上运行。虚拟化软件是云计算环境能灵活、弹性、低成本地进行资源分配的保证，云计算中心通过虚拟化技术将内部的物理资源转化为虚拟资源，以 VM 的形式提供给 CCSPs 使用。然而，部署在云计算中心的应用的实际需求和资源分配量之间仍然存在差距。以 CCSPs 的角度评估，实际需求和资源分配量的差距将造成额外的成本支出。以 CCIPs 的角度评估，实际需求和资源分配量的差距将造成额外的物理资源运行，将导致运维成本增加以及更多能源消耗。所以，在应用运行过程中，云计算中心需要解决的主要问题是如何使设计部署的资源动态分配与调整方法高效合理，通过动态调整分配承载应用虚拟机的资源，能够有效减小应用负载的实际需求与资源分配量之间的差距，从而在满足应用的服务质量要求的基础上提升云计算中心资源利用率以及优化成本支出。

（二）云计算中心资源调整方式

在云计算中心中的资源调整主要有以下几种方式：创建新的虚拟机实例、动态调整虚拟机大小以及虚拟机迁移。创建新的虚拟机实例属于粗粒度的资源调整方式，应用的资源分配量的增减通过增加或减少 VM 数目来实现；动态调整虚拟机大小属于细粒度的调整方式，在 VM 资源的垂直层次上进行资源调整，使分配给 VM 的资源大小动态发生改变；虚拟机迁移也属于细粒度的调整方式，当物理服务器上出现资源瓶颈时，通过迁移 VM 到另一个不同的物理服务器上可以得到有效缓解。与后两种细粒度的调整方式相比，前一种资源调整方式的成本更高，这是由于 VM 需要基线开销用于软件维持。因此，目前常采用的资源动态调整方式是动态调整虚拟机大小和虚拟机迁移。

Nelder–Mead、hill–climbing 等算法就是采用动态调整虚拟机大小的方式进行资源分配调整。hill–climbing 算法避免了遍历，其基本思想是通过启发选择部分节点不断地进行比较更新，从而获取最高点。hill–climbing 算法基本过程如下。

生成初始解：算法从一个初始解开始。初始解可以随机生成，也可以是给定的。

定义邻域和候选解：定义解的邻域和候选解。不同的爬山算法会考虑不同的邻域结构。

确定新解：选出候选解中的最优解，如果最优解大于当前解，则将该局部最优解作为新解。

迭代：重复上述搜索过程，直至满足终止条件。

将 hill–climbing 算法用于资源动态分配与调整，节点则表示虚拟机的资源配置，如（1，1，1）表示分配给虚拟机 1 核 CPU、1G 内存、10Mbps 带宽，节点的值使用当前虚拟机承载应用负载的性能表现高低进行衡量，即当前资源配置下虚拟机所承载应用负载的性能表现越高，当前节点的值越小，当前节点越高。hill–climbing 每选定一个点，需要对比该点所有的相邻点，资源调整时间与相邻点数目成正比。由于 hill–climbing 是局部择优的方法，假设经过 n 次局部最优的山峰，其时间复杂度为 O（n），并且随着资源维度的增加，需要对比的相邻点数目随之增加，资源调整的时间复杂度成倍增加。

Nelder–Mead、hill–climbing 算法均是采取局部择优的方法，所得解并不稳定，并且存在迭代次数多、收敛速度慢的问题，这将造成云计算中心在 VM 运行时需要对其资源配置进行在线频繁更改，并导致当应用负载需求发生动态变化时难以得到快速的响应，算法效率较低。

第二节　云计算的应用

一、企业

云计算让企业把日常生产性工作迁移到云环境中成为可能，企业可直接通过网络获取所需要的服务，减少硬件和软件的购买、配置、管理、维护等费用，让企业从非核心环节中解脱出来，把主要精力用在核心业务的发展和推广上；云计算的低门槛、灵活性、高可靠性受到企业的欢迎。

（一）企业设备管理概述

设备作为企业质量发展中一项重要的内容，起着领头羊的作用，设备先进了，企业就可以发展更优质的生产了，设备增加了，企业就可以更快地发展生产了；企业诸如财务结算、人员管理、信息管理等业务，都需要一个健全的体系来维护，而人工维护时间成本、资金成本、人力成本都过于昂贵。因此，设备必不可缺；而随着企业设备数量的增加以及科技含量的提升，企业设备的价格也越来越高，因此，如何对企业设备实施有效管理，提高企业设备使用效率，降低企业成本就是企业设备管理研究的内容，随着信息技术的发展，把计算机技术运用于企业设备管理将越来越普遍。

（二）系统的功能需求分析

根据设备管理系统设计需求和系统管理流程，本系统共分为三个主要部分，即设备管理、统计分析和系统管理（图 2-1）。其中，在各个系统的组成部分中，又包含了细分的功能子模块。

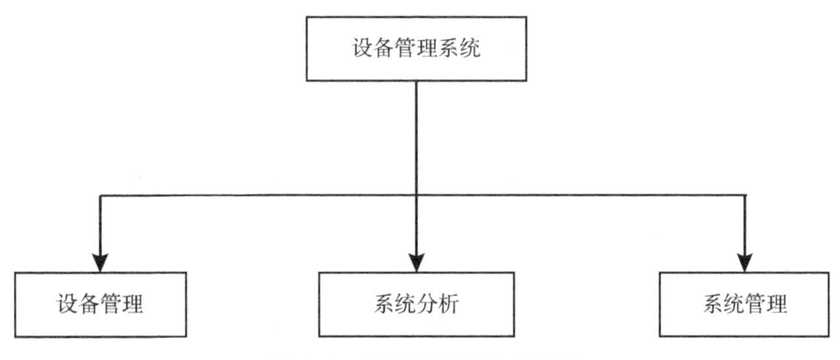

图 2-1　设备管理系统功能图

1. 设备管理功能

设备管理主要完成以下功能。

①设备增加管理、设备台账管理、领用出库管理、设备退库管理和设备盘点管理。

②完成设备租出和收回管理、个人借用查询及借用单据查询。

③设备缺陷和消缺管理、设备故障和维修管理、设备维保管理。

④到期设备查询、设备报废管理。

⑤设备维护管理。

⑥设备备品备件管理。

⑦设备运行风险分析。

2. 统计分析功能

在统计分析中主要完成以下功能。

①设备分类综合统计、部门设备分类统计。

②新增设备统计、调入设备统计分析、调出设备统计分析、报废设备统计分析。

③设备处置统计分析、设备缺陷统计分析、设备维保统计分析及故障统计分析。

3. 系统管理功能

在系统管理中主要完成以下功能。

①系统参数设置、基础代码设置、组织机构设置和职工档案维护。

②设备分类维护、设备属性设置、设备仓库维护及存放位置维护。

③供应厂商维护、维修厂商维护。

④角色授权管理、操作日志查询。

（三）企业设备管理系统的开发模式分析

随着企业设备管理系统专业化的不断发展，信息系统逐渐被细分为不同的需求，由不同云服务模式提供，然后根据需要选择不同的云计算服务业务，发挥“云”对企业设备管理系统的支撑作用。通过构建“私有云”平台或租用“公共云”服务，可以节省人力、物力、财力，从而提高企业的市场竞争力。

1. 传统的企业设备管理系统开发模式

从技术角度，传统的企业设备管理系统应用集成、开发需要考虑以下几个主要因素（图 2–2）。

（1）机房建设、维护

机房选址、设计、装修、通电、通风系统、防火系统、监控系统成本很高，而且系统正常运行后，机房的维护也不可避免，开发者工作量大。

（2）硬件环境集成、维护

硬件系统设计选型；机架机柜组装；系统部署、组网；开发者工作量大。

（3）软件环境开发、维护

软件系统安装；系统设置部署；中间件、数据库、邮件服务、消息服务等系统设置至最优，还要对系统健康状况进行监控，以期它们合理地运用 CPU、内存、存储空间带宽等系统资源。开发人员的工作量大。

（4）应用开发

当前 3 项前提条件都准备好，应用开发人员才能将应用部署及运行于系统环境中，组成完整的应用系统提供给最终用户。

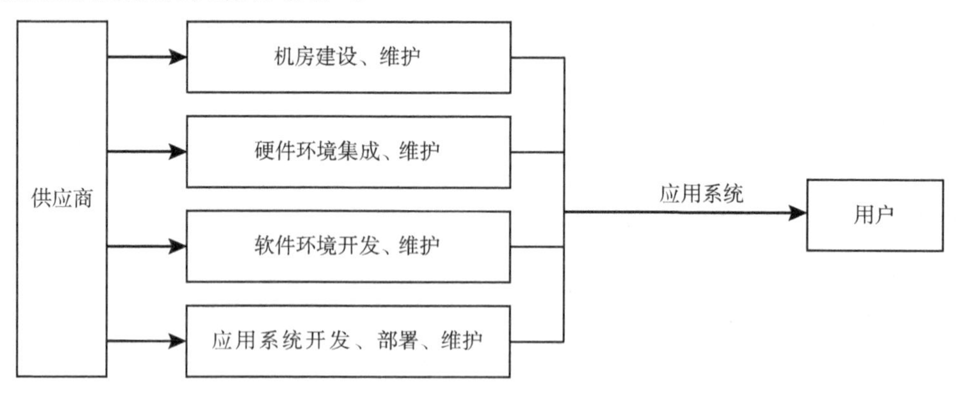

图 2–2　传统的企业设备管理系统

2. 基于云计算的企业设备管理系统开发模式

“云计算”给应用系统开发者带来的变化是：以后开发应用系统，不用再关心机房、硬件、软件环境的前提条件。这些问题都可以由“云计算”提供商以更节约、更高效、更稳定的方式解决。如图 2–3 所示，应用开发商只需开发实现业务逻辑的程序，并将程序部署在云计算平台环境中就可以了。

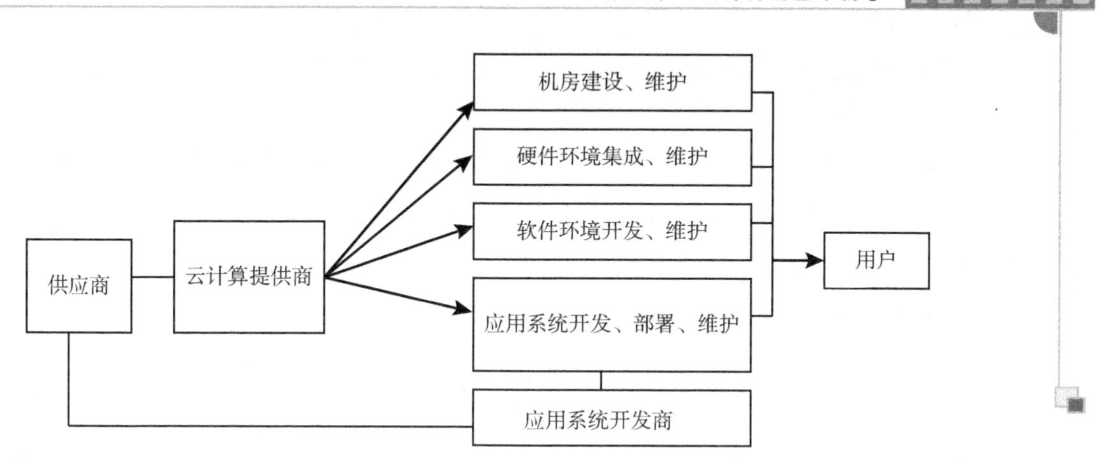

图 2-3 基于“云计算”的企业设备管理系统

（四）云计算服务及部署模式的选择

当从一个传统的企业设备管理系统部署模式向一个基于云计算的信息系统部署模式转变时，IT 人员需要考虑许多问题。有的公有云和私有云提供互补的优点，主要有三种基本服务模式需要考虑。另外，还需要考虑原有信息系统的 API 修改，硬件设备调整以及随着企业的发展云平台的转换等。

1. 云计算部署模式的选择

选择云平台要先对企业信息化的具体情况进行分析，选择合适的云平台，企业的 IT 机构可以选择各有其取舍的公共云、私有云或混合云上部署其应用程序。公共、私有与混合云有不同的区别。公有云一般就在互联网上，而私有云通常在建筑物内，还有可能设在主机托管场所。在国内，混合云是最被看好的云服务模式，无论是小企业还是大中型企业，无一例外地看好混合云模式，这跟混合云能够同时兼顾私有云和公共云的优势有关。表 2-1 列出了适合公有云与私有云的应用比较。

表 2-1 公共云与私有云典型属性对比

适合公共云的应用的典型属性	适合私有云的应用的典型属性
标准化	定制性
利用已有的互联网基础	高效性
高度灵活性	安全性及私有性
快速部署	高可用性
初期成本低	初期投入较高

在选择公共云和私有云时，通常会考虑以下因素。

①成本，从业务需求及企业自身环境分析，哪种云更省钱。

②安全性，从企业的业务要求及内部网络维护和服务供应商的安全保障方面进行权衡。

③法律因素，从国家现行法律的要求出发，对数据保密性、隐私性等方面是否符合法律要求。

④管制，公共云服务提供商提供的技术和商业实务方面的透明度，对数据的可操作

性，以及数据跨平台的转移因素等。

2. 云计算服务模式分析

从用户使用的角度出发，分别对云计算三种服务模式在主要产品及作用和功能方面进行分析比较以帮助企业根据业务需求选择合适的服务模式。

（1）SaaS 模式

产品：主要产品包括：Salesforce Sales Cloud，Google Apps，Zimbra，Zoho 和 IBM Lotus Live 等。

作用：通过 SaaS 这种模式，用户只要接上网络，通过浏览器就能直接使用在云端上运行的应用，而不需要顾虑类似安装等琐事，并且免去初期高昂的软硬件投入。SaaS 主要面对的是普通的用户。

功能：谈到 SaaS 的功能，也可以认为是要实现 SaaS 服务，供应商需要完成哪些功能？主要有四个方面：随时随地访问：在任何时候或者任何地点，只要接上网络，用户就能访问这个 SaaS 服务；支持公开协议：通过支持公开协议（比如，HTML4/5），能够方便用户使用；安全保障：SaaS 供应商需要提供一定的安全机制，不仅要使存储在云端的用户数据处于绝对安全的境地，而且也要在客户端实施一定的安全机制（比如，HTTPS）来保护用户；多住户（Multi–Tenant）机制：通过多住户机制，不仅能更经济地支撑庞大的用户规模，而且能提供一定的可定制性以满足用户的特殊需求。

（2）PaaS 模式

产品：主要产品包括：Google App Engine，force. com，heroku 和 Windows Azure Platform 等。

作用：通过 PaaS 这种模式，用户可以在一个包括 SDK，文档和测试环境等在内的开发平台上非常方便地编写应用，而且不论是在部署，还是在运行的时候，用户都无须为服务器，操作系统，网络和存储等资源的管理操心，这些烦琐的工作都由 PaaS 供应商负责处理，而且 PaaS 在整合率上的表现非常惊人，比如一台运行 Google App Engine 的服务器能够支撑成千上万的应用，也就是说，PaaS 是非常经济的。PaaS 主要的用户是开发人员。

功能：为了支撑着整个 PaaS 平台的运行，供应商主要需要提供四大功能：友好的开发环境：通过提供 SDK 和 IDE 等工具来让用户能在本地方便地进行应用的开发和测试；丰富的服务：PaaS 平台会以 API 的形式将各种各样的服务提供给上层的应用；自动的资源调度：也就是可伸缩这个特性，它不仅能优化系统资源，而且能自动调整资源来帮助运行于其上的应用更好地应对突发流量；精细的管理和监控：通过 PaaS 能够提供应用层的管理和监控，比如，能够观察应用运行的情况和具体数值（比如，吞吐量和反应时间）来更好地衡量应用的运行状态，以及能够通过精确计量应用使用所消耗的资源来更好地计费。

（3）IaaS 模式

产品：主要产品包括：Amazon EC2，Linode，Joyent，Rackspace，IBMBlue Cloud 和

Cisco UCS 等。

作用：通过 IaaS 这种模式，用户可以从供应商那里获得他所需要的虚拟机或者存储等资源来装载相关的应用，同时这些基础设施的烦琐的管理工作将由 IaaS 供应商来处理。IaaS 能通过它上面对虚拟机支持众多的应用。IaaS 主要的用户是系统管理员。

功能：《虚拟化与云计算》中列出了 IaaS 的七个基本功能：资源抽象：使用资源抽象的方法（比如，资源池）能更好地调度和管理物理资源；资源监控：通过对资源的监控，能够保证基础设施高效率地运行；负载管理：通过负载管理，不仅能使部署在基础设施上的应用运能更好地应对突发情况，而且能更好地利用系统资源；数据管理：对云计算而言，数据的完整性、可靠性和可管理性是对 IaaS 的基本要求；资源部署：也就是将整个资源从创建到使用的流程自动化；安全管理：IaaS 的安全管理的主要目标是保证基础设施和其提供的资源能被合法地访问和使用；计费管理：通过细致的计费管理能使用户更灵活地使用资源。

3. 虚拟技术的选择

对于不同规模的企业选择的标准及偏好不一样，据统计，大型企业偏好于选择 VMware 的 vSphere/ESX，其次是微软 Hyper-V 和开源的 Xen；中型企业则是首选 Xen，其次是微软和 VMware；而小型企业，微软 Hyper-V 是首选，其次是 Xen。

（五）建设云计算平台的关键要素

云计算平台的实施基础是更高层次的虚拟化技术，它完成了系统架构从组件走向层级然后走向资源池的过程。它将 IT 系统的不同层面——硬件、软件、数据、网络、存储等一一隔开，打破物理设备障碍，达到集中管理、动态调配和按需使用的目的，从而提高了系统整体的弹性和灵活性，降低了管理成本和风险，改进了应用服务的可用性和可靠性。

1. 跨平台的互操作性

云计算平台的跨平台互操作技术将帮助用户和应用通过一个共同的虚拟逻辑层接入系统，发现、使用并管理所有的系统虚拟和物理计算资源，减少因支持多种类型软硬件平台而导致的系统管理复杂度和不稳定性。

2. 高效、可靠的数据传输交换

一个结合多种传输协议优势的高效、可靠的数据传输交换系统可以有效地控制分布在网络上的众多组件之间的数据流向，在网络不稳定的情况下保证数据通道的畅通性、信息交换的可靠性和安全性，从而成为维持云计算平台稳定正常运行的关键。

3. 高效的分布式事件和事务处理

高效的分布式事件和事务处理机制可以在异构多环境的网络世界中保证单个节点的不同进程间及不同节点间的协同工作，从而把各地分散的计算资源用结构化的方式整合在一起，从一个无序体系中构建出高可靠、高性能具有强大处理能力的云计算平台。

4. 动态负载均衡和群组管理调配

整合了动态负载均衡和群组管理调配机制的云计算平台能够实时地监测全系统各个节

点的运行状态，收集包括故障、失效、加入、过载等重要信息，并基于这些信息，结合相应的既定策略动态的调整和均衡全系统范围内不同资源的负荷，从而很好地解决大规模系统的合理使用和有效管理问题。

5. 智能化的服务总线

智能化的服务总线可以在云计算平台中通过定义良好的接口和契约将系统的应用和资源联系起来，然后根据需求进行分布式部署、组合和使用，使得这些应用和资源转变为可共享的标准服务，并实现服务的“即插即用”。

6. 工作流引擎

云计算平台的工作流引擎让使用者只需通过简单强大的编程框架提交需要完成的计算任务以及相关的数据，系统就可以自动安排和处理包括数据的分割、中间数据的传输分布、多机环境下的程序执行和调度以及输出数据的聚合等其他复杂工作，让用户像使用单机一样使用计算机集群来解决复杂的 IT 问题，轻松高效地完成工作。

二、教育

在目前学校教育教学中，信息技术教育教学已经成为重要组成部分，在培养信息技术人才方面发挥着重要的价值及意义，因而需要有效开展信息技术教育教学。在目前信息技术教育教学活动的开展中，为真正实现教育教学效果的有效提升，需要对现代化的技术手段进行利用，而云计算就是其中比较重要的一种，有利于学生的培养，因而需要合理应用云计算开展信息技术教学。

随着目前信息技术的不断快速发展及越来越广泛的应用，社会上对于信息技术专业人才也有着越来越大的需求，因而有效开展信息技术教育教学，实现信息技术专业人才的培养也就十分重要。在当前信息技术教育教学中，云计算的应用可使常规教学模式及内容得以改变，对学生进行更有效的教学，因而信息技术教师应当注重云计算的实际应用，并且需要以有效途径及方式实现信息技术教学的有效应用，满足教学需求。

（一）信息技术教育教学中云计算的具体应用

1. 应用云计算降低教学软件成本

就目前云计算的实际应用而言，对于其所能够提供的各种服务，软件服务属于比较重要的一种。在云计算实际应用过程中，对于很多应用软件而言，均能够将其制作成在线服务软件，这样一来，学校及教师在将云计算应用于教育教学中的基础上，也就可以耗费较少成本实现教学应用软件的应用，有些软件还可以免费使用，也就可以为信息技术教学中软件的购买及升级服务节约很多费用。

通常情况下，对云计算的软件服务功能而言，其能够提供日常教学中所使用的软件，并且可以将专业教务软件提供给学校，在此基础上学校及教师就可以在花费很少费用的情况下用在线软件实行学生的管理工作，包括学籍管理及学分管理等方面，只要确保学校内部的计算机能够正常联网就能够实现。

基于此，在当前信息技术教育教学过程中，教师可以通过对云计算平台的应用进行班级账户的构建，依据学生实际情况及具体需求实行分别管理，在该平台中学生可以交作业等，教师在教学中可以将协作平台作为教学平台进行运用，也可以利用其进行学习资源展示，从而使学生可以学习到更多内容及知识，还能够对学生学习内容的补充、作业的修订以及评估记分等得以更好实现，从而更好地节约教师时间，使教师的班级管理效率有效提升，促进学生更好学习，使学生学业水平有效提升，使信息技术教学得以更好的发展。

2. 应用云计算降低教学设备成本

就目前信息技术教育教学的实际开展而言，为能够使教学需求及要求得到更好满足，很多学校内部都在不断加大资金投入，实现计算机设备及网络设备的有效配置，并且还需要不断更新及维护，确保这些设备可以正常运行，与信息技术教育教学要求更好符合，因而需要花费较大的成本。而在将云计算应用于信息技术教育教学的背景下，对于教学计算任务而言，可以通过云端服务器较好完成，针对学校内所存储的相关数据，通过云计算实现网络云端资源的统一管理，改变以往占用大量计算机内存的情况，并且普通配置的计算机也能够和云端处理器之间实现数据交换，从而能够使学校教育教学中的计算机资源及网络设备资源实现有效节约，也使教学设备配置及维护成本得以有效减少，满足教育教学工作开展的需求，实现信息技术教育教学的更好发展。

另外，在教学设备成本得以降低的基础上，学校可以将更多的资金投入教学研究方面，并且能够利用节约的这些资金使云计算服务进一步完善，为今后教育教学活动的顺利开展提供更好的支持与保障。

3. 利用云计算促使教学目标的实现

对于信息技术教育教学而言，由于信息技术课程自身的特点，在教学要求、教学内容及教学进度等方面无法实现如同传统学科的高度统一，为能够使教学教育中所存在的一些难题得以有效解决，对于信息技术课程相关教学内容以及教学进度，可以利用云计算平台实行合理调整。

另外，由于信息技术课程具有较强的实用性特点，并且学生可以自学，而不同的学习效率及学习能力存在一定差异，在学习进度上具有一定差异，也就可以实施个性化教学。在实际教学活动的开展过程中，以往教学过程中存在的一些限制，通过云计算平台教师可以依据学生实际情况，通过与学生相互配合制订与学生实际情况相适应的个性化学习方案以及学习计划，并且将个性化教学资料及学习资源发放给学生，使学生的自主学习能力可以得到有效提升，使信息技术教学得到满意的效果。

此外，对于信息技术课程而言，在教学活动的开展过程中需要学生与计算机实现互动交流，从而更好地了解及把握相关信息技术，使整个教学过程中学生都是维持人机对话状态，并与计算机及网络交流。

基于信息技术课堂的这一特点，通过在教学活动中对云计算进行利用，在实际教学及学习过程中学生的主体性可以得以充分体现，可使自主学习得以更好实现，而教师可以对学生进行有效引导，从而可以更好地完成教学目标。此外，在信息技术课程教学过程中，教学评价也是十分重要的一个方面，在这一方面也需要对云计算进行应用，从而使教学评价更加科学合理，通过云计算可以更好地统计学生的学习情况及相关数据，对于教育教学活动开展中的相关数据可以更好进行分析，从而为教学评价更好地开展提供有效的支持及依据，保证评价可以得到满意的效果，进而使整体课程教学评价可以得到满意的效果，最终使整体课程教学得到满意效果。

（二）信息技术教育教学中云计算的应用展望

在当前云计算应用越来越广泛的背景下，云计算与教学教育之间的融合也越来越密切，并且今后必然会有着越来越理想的应用，因而需要信息技术教师对今后云计算的应用充分深入研究，具体而言，需要注意以下几点。

第一，对于全球云服务需要充分合理利用，转变以往的小型自主开发模式，在我国教育事业的发展过程中积极拓展信息化低碳转型发展途径，从而使教育教学取得更好的发展成果，也能够为云计算的应用提供适当的目标及指导。

第二，促使本地资源转变为云服务，使原本的校内教育资源及本地服务教育资源实现有效拓展，在此基础上可以将更多的云资源提供给教师与学生，从而使教育教学活动的开展及学生学习均具有更好的资源支持，以取得更加满意的效果。

第三，实现“云—地”中介服务的构建。就当前一些企业所研发构建的云计算服务而言，很难实现对师生具体需求及情感交流方面的关注，因而教育机构可以在云计算服务的基础上进行“云—地”中介的构建，从而使当地学生及教师的需求得到更好满足。

第四，在教师专业化发展过程中，应当将低碳教育及云计算辅助教育中的相关要素融入其中。在当前教育技术云服务发展的背景下，教师专业化发展也受到很大程度的影响，不同地区可以依据自身实际情况，针对不同地区、学科及教龄相关教师，将定制化服务内容提供给教师，从而使教师的教育教学需求得到满足，使教育教学中存在的一些问题可以得到有效改善，实现信息技术教学的更有效开展。

第五，对于当前的云计算服务，教育机构及教师需要进一步地进行深入研究，对于云计算的教育教学功能需要进一步进行深入开发，在此基础上实现云计算服务与信息技术教学的更好融合，使云计算的教育价值得以充分体现，以满足教育教学的需求及要求，也可以促进教育事业整体理想发展。

三、智能交通

计算机以及计算机技术的产生促使云计算技术不断发展，目前，此种技术被广泛应用在多个领域。我国城市化进程加快，汽车保有量也呈现增长趋势，对应的道路交通拥堵成为城市的“景观”。怎样处理交通拥堵的情况、保障城市交通畅通成为新时代急需解决的问题。发挥云计算技术的优势、提升交通管理成效、实现智慧交通管理的目标，是交通管理向信息化方向转变的趋势。为此，相关人员应重点思考如何在智能交通中运用云计算技术来促进城市现代化建设进程。

（一）云计算技术在智能交通中运用的价值

所谓云计算技术，指的是依托互联网生成的一种计算方式，以此为基础，共享的软硬件资源能够按照需求发送给对应的计算机以及其他类型的设备，相关的资源来自共享化的资源池，可以迅速获取数据信息。云计算技术的核心是对与网络相关的计算资源进行统一化管理，形成计算资源池，为用户提供服务。现代化交通管理工作中包含大量的机械设备与资源，在实际管理工作中，应巧妙关联多个设备与资源，科学地为交通管理决策提供参考条件。云计算技术涵盖信息保存、分布式计算与虚拟化技术等内容，可以将其作用在交通管理体系内，对多种类型的设备与信息资源加以整合，形成诸多优势。

1. 提高交通管理资源的利用率

在公安信息化体系建设背景下，多种类型的信息体系开发成本有所增加，对应的交通管理单位信息管理工作重要性逐步凸显。在交通管理单位信息体系管理中引进云计算技术，能够巧妙融合世界范围内交通单位的计算机设备，构建对应的信息资源库，在每个区域，交通管理单位只需把这个体系纳入总信息库，就能充分得到云计算技术提供的服务，不需要花费大量的人力以及财力。可以说，云计算机技术的存在使设备资源利用率得以提升，降低了信息建设实际成本。

2. 强化交通信息处理效果

现代化的交通管理实践大多为对相关的交通数据加以研究、制订并实施科学的交通管理计划。交通信息涉及诸多数据，包含路况数据、车辆数据，相关数据呈现出海量的特征，尤其是在一、二线大城市的交通管理中存在更多交通信息。云计算技术中包含分布式计算项目，能够对信息数据进行分布式加工处理，在较短时间内直接保存大量的信息，挖掘与利用信息价值，可提高交通管理单位的决策水平，不断强化交通信息处理效果。

（二）交通信息中的云计算

1. 交通信息云概述

智能化交通系统涉及诸多子系统，应用子系统与分层处理计算机设备之后可得到信息设备层，这也是智能化交通体系构建的关键模块。计算设备层拥有云计算服务为供应商提供的服务性能，能够保障智能交通体系有序发展，继而以云计算服务为基础产生智能交通体系，可被理解为智能交通云。总体而言，交通信息云包含云计算技术以及交通信息云服务体系，本质上是交通信息获取和处理的一种模式，大量的交通信息被保存在网络中形成交通信息云，如信号灯倒计时数据、车辆自动识别数据和网络连通数据等，交通信息云的保存能力以及计算能力不会受到环境因素的影响，能够直接完成交通信息数据处理，给用户提供全方位的交通运行信息。

2. 交通信息云的结构

交通信息云分为 6 个部分，分别是云计算资源，也就是服务器和保存设备；云计算控制平台，主要对获取的交通信息加以统一调度处理，提供比较完整的计算资源，对用户资源进行申请与审批管理；基础服务，也就是对硬件资源进行信息资源池处理，结合交通种类提供小型虚拟机、虚拟网络以及虚拟化保存等服务；服务控制平台，主要依托监控工具对云计算平台中的诸多交通信息加以定时监控，汇总监控最终结果，确保系统运作的稳定性，为交通数据发布与出行诱导提供依据；平台服务，主要是结合交通设施的需求条件，形成对应的服务开发平台与信息服务平台；服务门户，主要是以云计算信息中心建设为前提，提供相对集中化的服务门户、交通管理单位以及出行的车辆，用户能够自主选择服务。

（三）云计算技术在智能交通中运用的途径

1. 运用云计算技术设置交通信号灯

交通管理工作中，交通信号灯需重点管理，若红灯显示的时间比较长，就会有拥堵的可能性，制约其他道路方向的车流前进。交通信号灯的科学管理关系到道路拥堵的处理效率，运用云计算技术进行交通信号灯的管理需要明确交通信号灯的管理背景，把采集的路网交通数据巧妙融合，将其当作某地区内交通信号灯管理的背景。另外，可通过多种交通流量检测手段进行路况检测，包含视频检测、全球定位系统（Global Positioning System，GPS）检测或者射频识别（Radio Frequency Identification，RFID）检测，借助前端设备的辅助功能完成交通信息流的自主适应管理。将获取的交通流信息保存在云交通管理核心体系内，然后进行数据加工与研究，最终明确交通信号灯管理计划，凸显交通信号灯的科学管理。

2. 运用云计算技术预测交通流量

在交通流量预测上，主要是收集和研究交通流量信息，了解道路实时变化情况，同时对后续的道路交通情况加以初步预测。交通流量预测成为处理道路交通堵塞问题的关键方式，预测过程中应通过高质量的计算能力得到对应数据信息，便捷化地判断交通运行情况。可利用云计算完善交通流量预测体系，以 Hadoop 的形式保存交通流量信息，辅助神经网络算法以及 Map Reduce 完成信息数据的计算，落实对应的交通流量判断操作，确切分析交通情况。预测完成后，发布对应的预测结果，引导车辆躲避可能出现交通堵塞的路段，更好地提升道路交通堵塞问题处理能力。

3. 运用云计算技术进行交通诱导

在交通管理过程中，交通诱导主要是给车主提供对应的导航服务，指导车主准确寻找目的地的前往路径，制定最佳的路线，继而减少道路拥挤情况。现阶段，在交通诱导期间，以路网交通流数据为前提，通过地图以及通用分组无线服务（General Packet Radio Service，GPRS）技术计算路网流量的平衡数值，为车主找到最优的路径信息。交通诱导过程中涉及路径以及停车两种诱导模式，通过云计算技术进行停车诱导主要是计算停车场数据信息，为车主寻找多余的车位，引导车主按照最佳的路径行驶到停车位。在汽车数量增加的形势下，通过云计算技术进行交通诱导的现象更为普遍。

4. 运用云计算技术进行车牌识别

车牌是车辆身份识别的主要依据，无论是交通违章还是事故处理，都要根据车牌判断车主信息，尤其是大范围运用字母信息之后，车牌更是识别车辆身份的关键。在交警单位处理事故的过程中，尤其是在与交通肇事相关的行为分析中，车牌识别是必需的流程。可通过云计算技术设置车牌识别体系，综合采集车牌信息数据，无论是数字数据还是图像数据，都要结合关键数据完成车牌的识别。在此期间，要合理应用车牌识别体系，进行样本信息库化处理，便于各个区域车牌信息被实时共享，以及交警单位进行跨地区车牌判断。现阶段，云计算技术应用在车牌识别过程中的效果还不够显著，应建设更为完整的车牌识别体系，使车牌识别更准确。

5. 运用计算机技术管理汽车

随着运用云计算技术智能化管理车辆汽车保有量不断增加，不仅会带来交通拥堵问题，还会埋下道路交通安全隐患。交通管理单位在交通管理期间，要重点关注 6 类客车与 3 类货车的管理。前者包含长途客车、单位班车或者旅游客车等，这类客车承载的人员多；后者包含渣土车或者罐车等，属于大型车辆，存在的安全隐患比较多。鉴于此，交通管理单位要通过云计算技术掌握车辆的行驶状态，对车辆进行轨迹跟踪，动态分析车辆的运行速度。若车辆运行期间存在违规情况，云计算技术自动进行警告，交通管理单位结合警告数据落实车辆警示工作。此外，云计算技术扩大了道路车辆的治安防控空间，将其和卡口监测体系密切结合起来，有助于两个体系优势互补，综合多样化的信息数据，强化车辆规范化管理。

第三节　云计算的服务形式

云计算是一种提供基于互联网的计算资源的服务，可以分为以下几种形式。

一、公共云

这是一种由第三方服务提供商提供的云服务，允许用户在共享的基础架构上部署和管理应用程序和服务。这种形式的云计算提供商通常提供按需计费的资源，用户只需要支付自己使用的资源量。

（一）公共云的内涵

公共云（Public Cloud）是一种云计算服务模式，提供了一系列的计算资源和服务，如虚拟机、存储、网络、数据库等，可以通过公共互联网或专用网络进行访问和使用，服务商以按需计费的方式向客户提供服务。公共云具有以下特点。

1. 共享性

公共云的计算资源和服务是共享的，多个客户可以使用同一组资源。

2. 弹性可扩展性

公共云可以根据客户的需求弹性地调整计算资源和服务的规模，满足客户的业务需求。

3. 按需付费

公共云的计算资源和服务按照实际使用量进行计费，客户可以根据实际需求支付费用。

4. 高可靠性

公共云的服务商通常拥有大规模的数据中心和完备的技术保障体系，可以保障服务的高可用性和可靠性。

5. 全球化

公共云服务商通常拥有全球分布的数据中心和网络基础设施，可以为客户提供全球化的服务。

公共云的内涵就是以上特点和服务，为客户提供灵活、可靠、高效、安全的计算资源和服务，满足不同行业和领域的需求。

（二）公共云的功能

公共云（Public Cloud）提供了一系列的计算资源和服务，可以满足客户在不同领域和业务场景下的需求。以下是公共云的主要功能。

1. 虚拟机

公共云提供了可供客户使用的虚拟机，可以快速创建和配置虚拟机实例，提供不同的计算、存储和网络资源，支持多种操作系统和应用程序的运行。

2. 存储

公共云提供了高可用性的存储服务，如对象存储、文件存储、块存储等，可以为客户的数据提供安全、可靠、高效的存储方案。

3. 数据库

公共云提供了多种数据库服务，如关系型数据库、NoSQL 数据库、数据仓库等，支持客户在公共云上运行和管理数据库实例。

4. 网络

公共云提供了多种网络服务，如负载均衡、防火墙、VPN 等，可以为客户提供灵活、安全、高效的网络解决方案。

5. 安全性

公共云提供了多层次的安全保障措施，如身份认证、访问控制、数据加密等，保障客户的数据和应用程序安全。

6. 监控和管理

公共云提供了丰富的监控和管理工具，如自动化部署、弹性扩容、负载监控等，方便客户管理和监控其应用程序和资源。

7. 开发工具

公共云提供了多种开发工具和平台，如容器服务、函数计算等，支持客户快速开发和部署应用程序和服务。

以上是公共云的主要功能，可以满足客户在不同的场景下的需求，提供可靠、灵活、高效的计算资源和服务。

二、私有云

这是一种由组织内部建立和管理的云服务，用于托管自己的应用程序和服务。私有云提供更多的控制和安全性，但需要更多的资金和资源来建立和维护。

（一）私有云的优点

1. 数据安全

虽然每个公有云的提供商都对外宣称，其服务在各方面都是非常安全，特别是对数据的管理。但是对企业而言，特别是大型企业，和业务有关的数据真的是生命线，不能受到任何形式的威胁，所以短期而言，大型企业是不会将其 Mission–Critical 的应用放到公有云上运行的。而私有云在这方面是非常有优势的，因为它一般构筑在防火墙后。

2. SLA（服务质量）

因为私有云一般在防火墙之后，而不是在某一个遥远的数据中心中，所以当公司员工访问那些基于私有云的应用时，它的 SLA 应该会非常稳定，不会受到网络不稳定的影响。

3. 充分利用现有硬件资源和软件资源

大家都知道，每个公司，特别是大公司都会有很多 legacy 的应用，而且 legacy 大多是其核心应用。虽然公有云的技术很先进，但对 legacy 的应用支持不好，因为很多都是用静态语言编写的，以 Cobol，C，C++ 和 Java 为主，而现有的公有云对这些语言支持很一般。但私有云在这方面就不错，比如 IBM 推出的 cloudburst，通过 cloudburst，能非常方便地构建基于 Java 的私有云。而且一些私有云的工具能够利用企业现有的硬件资源来构建云，这样将极大降低企业的成本。

4. 不影响现有 IT 管理的流程

对大型企业而言，流程是其管理的核心，如果没有完善的流程，企业将会成为一盘散沙。比如，那些和 Sarbanes–Oxley 相关的流程，这些流程对 IT 部门非常关键。在这方面，公有云很吃亏，因为假如使用公有云的话，将会对 IT 部门流程有很多的冲击，比如在数据管理方面和安全规定等方面。而在私有云，因为它一般在防火墙内的，所以对 IT 部门流程冲击不大。

（二）新一代私有云

新一代私有云的主流形态以企业客户防火墙内的复杂环境和数据需求为设计初衷，建立以客户数据为中心的、具备多云管理能力的私有云。拥有良好的硬件和软件的兼容性，兼顾企业级新一代应用和传统应用，同时具备应对企业复杂环境下的可进化特性，还提供公有云似的消费级体验。

如果用一句话总结就是——新一代私有云是云的私有部署。

一方面，相对私有云和公有云以云为中心的表达，云的私有部署和公有部署更能体现以“将云移动到数据上”的主导模式，即防火墙内的数据需要云的私有部署，防火墙外的数据需要云的公有部署；另一方面，相对私有云和公有云的分割式表达，云的私有部署和公有部署更能体现云的一致性体验。

公有和私有部署一致性为亮点的 AWS Outpost 们，其设计初衷围绕公有云为核心，其价值更多在于公有云服务在防火墙内的延伸，是新一代私有云主流形态的重要补充。

1. 新一代私有云特性

第一，在业务层的应用上，新一代私有云能够承载 Cloud、Mobile、IoT、BigData、AI 等新一代企业级应用。

第二，在 PaaS 的体验上，基于开源 PaaS 为主的生态，通过 Kubernetes 构建跨公有云、私有云的可共享 PaaS；另外，可以根据需求在云上开发新的 PaaS，应用于特定场景和适用行业。

第三，在 IaaS 的实施上，云平台的微服务化和一体化设计，新一代私有云能带来公有云似的消费级体验，不仅从交付、运维、升级实现“交钥匙工程”，也使新一代私有云按需付费的云服务模式得以实现，从云软件时代进入云服务时代。

第四，在演进路径上，基于开源生态的产品化是新一代私有云演进的一部分。当各大公有云厂商大量应用 Linux/KVM/MangoDB 等开源技术，谷歌更是在 Google cloud next 2019 大会上直接挑明“公有云的未来是开源”。新一代私有云在保持与开源生态兼容与同步的前提下高度产品化，一方面保持与社区的充分同步；另一方面通过场景化的合作生态来满足客户需求。

第五，在演进方式上，新一代私有云演进的核心驱动力是可进化。可进化不同于可升级，需要服务能力、产品形态、支撑场景三大方向上实现演进。

2. 新一代私有云核心特性是可进化

在云的公有部署中，可进化是一项基础能力。云的私有部署中，环境更复杂，且不可能都有运维团队，同时，传统私有云产品版本迭代升级速度越快，碎片化就越严重，升级就越困难。在无人工干预的前提下，传统的私有云实现不同版本的升级尚有难度，新一代私有云要在云的私有部署中实现服务能力、产品形态、支撑场景的可进化，就需要从核心架构的最基础单元开始，具备各种技术栈的微服务化和一体化设计能力，这也是新一代私有云的核心竞争力。

升级包含三大要素：业务无感知、数据不迁移、服务不中断。升级不仅包含升级云平台过程中业务无影响，更可在升级云平台过程中对云平台自身的操作不受影响，这就像一

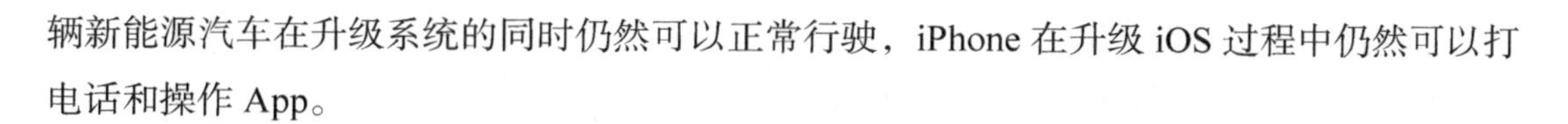

辆新能源汽车在升级系统的同时仍然可以正常行驶，iPhone 在升级 iOS 过程中仍然可以打电话和操作 App。

三、混合云

混合云是公共云和私有云的混合形式，允许用户在两者之间移动应用程序和数据。混合云允许用户在公共云上运行非关键业务和工作负载，并将关键业务和数据保留在私有云中。

（一）混合云的特点

1. 更完善

私有云的安全性是超越公有云的，而公有云的计算资源又是私有云无法企及的。在这种矛与盾的情况下，混合云解决了这个问题，它既可以利用私有云的安全，将内部重要数据保存在本地数据中心；同时也可以使用公有云的计算资源，更高效快捷地完成工作，相比私有云或是公有云都更完善。

2. 可扩展

混合云突破了私有云的硬件限制，利用公有云的可扩展性，可以随时获取更高的计算能力。企业通过把非机密功能移动到公有云区域，可以降低对内部私有云的压力和需求。

3. 更节省

混合云可以有效地降低成本。它既可以使用公有云又可以使用私有云，企业可以将应用程序和数据放在最适合的平台上，获得最佳的利益组合。

（二）混合云的优点

混合云模式兼有公有云和私有云的优点，在当今商业环境下具有尤为可贵的灵活性，是最佳选择。混合云具备如下优势。

1. 混合云更安全

结合了私有云和公有云的特性，将核心数据保存到本地用户中心，实现私有云对重要数据的安全管理，剔除了边缘数据对于核心数据的影响，使私有系统管理员对于核心数据的管理更聚焦。公有数据绝大多数是本地数据处理提炼后的数据，供在线业务系统使用，通过公有云的安全机制可以有效防范来自互联网的各种安全隐患。随着容器技术的成熟，微服务架构也被现有云体系所吸纳，从容器特性出发，很大程度已经化解了私有云和公有云之间应用的运维安全问题。通过把工作流程进行封装，使不同云之间的迁移便携化，减少了因操作导致出错的概率。

2. 资源自动化

云计算管理平台（CMP）可以将分散的资源作为一个单一的系统，在单一域中的企业可以对这些资源进行控制措施和自动化方法的管理。跨数据中心、机房通信等场景在混合云环境下已经不存在任何问题，现有的云适配器已经很好化解了这类问题，数据服务可以快速对接主流的公有云平台 CPI，资源可以在 CMP 中可以实现统一。

3. 提高资源利用率

混合云对于计算和存储资源的管理更精益化，最大限度地提升了资源的利用率，通过数据采集和资源监控可以找出不同平台之间的资源使用差距，并给出最优解决方案，而单一云平台则很难找到参照系统并完成此类操作。

4. 更高的性能

由于分工的明确化，也随之带来了系统性能的提升，私有云更关注质量数据的处理，而公有云则更关注在线数据的处理。中间通过适配器和桥的方式进行集中数据交互，架构清晰便于企业开展自身数据业务。

四、多云

多云是指在不同的云提供商之间分配和管理应用程序和数据，以最大限度地利用每个云提供商的特点和优势。多云使用户能够在不同的云提供商之间选择最适合他们需求的服务。

（一）多云的概念

多云（Multi–Cloud）是指企业或个人在使用云计算服务时，不依赖于单一的云服务提供商，而是同时使用多家不同云服务提供商的云计算服务。多云模式可以帮助客户实现更好的业务灵活性、可靠性、安全性和成本效益。

多云的概念和出现是为了弥补单一云服务提供商无法满足客户不同需求的问题。通过多云模式，客户可以根据具体业务需求，在不同云服务提供商之间灵活切换，根据不同服务商的优势来优化资源使用和降低成本，同时避免单一厂商的锁定效应，增加灵活性和可靠性。

多云架构通常需要使用到多个云服务提供商的云计算服务，包括公共云、私有云、混合云等，因此需要对不同云服务提供商的服务特性、接口、管理、安全等方面进行统一的规划和管理。同时，多云模式也需要采用标准化的数据格式和协议，以实现不同云服务之间的互通和交互。

总之，多云是一种灵活的云计算服务模式，可以帮助企业和个人在不同业务场景下更好地满足需求，提高业务灵活性和可靠性。

（二）多云的功能

多云（Multi–Cloud）是使用多个不同云服务提供商的云计算服务来满足业务需求的一种云计算模式。多云的功能主要包括以下几个方面。

业务灵活性：多云模式可以帮助企业根据不同的业务需求选择最适合的云服务提供商，并且可以根据业务变化快速调整使用云服务的比例和方式。

可靠性和弹性：多云模式可以提高应用程序和数据的可靠性和弹性。当某个云服务提供商出现故障或停机时，可以快速切换到其他云服务提供商，避免业务中断。

安全性：多云模式可以提高安全性。使用多个云服务提供商的服务可以分散风险，降低业务受到攻击或数据泄露的风险。

成本效益：多云模式可以降低成本。使用不同云服务提供商的服务可以根据服务特点和价格进行选择，同时也可以通过竞争性谈判获得更优的价格。

数据管理和治理：多云模式需要对多个云服务提供商的服务进行统一管理和监控，包括数据备份和恢复、数据传输和加密、数据治理和合规等方面的管理。

云资源优化：多云模式需要根据业务需求和不同服务商的资源特点来优化云资源的使用，包括自动化资源调度、容器化管理、负载均衡等方面的优化。

总之，多云模式可以帮助企业和个人实现更灵活、可靠、安全、成本效益的云计算服务，但同时也需要对不同云服务提供商的服务进行统一规划和管理，确保业务的连续性和一致性。

第三章

大数据的基本概念

第一节　大数据的定义

一、大数据的概念界定

（一）大数据的概念

大数据是用来表达批量处理或分析网络搜索中索引产生的大量数据集。数据分析领域，大数据是前沿技术，它和数据仓库、数据分析、数据安全、数据挖掘是IT行业时下最火爆的词汇，大数据的商业价值已经成为信息行业争相追逐的焦点。大数据包括各种互联网信息，更包括各种交通工具、生产设备、工业器材上的传感器，可以做到随时随地进行测量，不间断地传递着海量信息数据。

利用新处理模式，大数据具有更强的决策力和洞察力，能够优化流程，实现高增长率，处理海量的多样化信息资产。归根结底，大数据技术可以快速处理不同种类的数据，从中获得有价值的信息，处理速度快，只有快速才能起到实际用途。随着网络、传感器和服务器等硬件设施全面发展，大数据技术促使众多企业融合自身需求，创造出数据可观的经济效益，实现巨大的社会价值和商业价值，各行各业利用大数据产生极大增值和效益，表现出前所未有的社会能力，而绝不仅仅只是数据本身。所以，大数据可以定义为在合理时间内采集大规模资料来处理各种信息，帮助使用者更有效决策的社会过程。

（二）大数据的分类

大数据一般分为以下四类：互联网数据、科研数据、感知数据和企业数据。在互联网大数据中，社交媒体是近年大数据的主要来源，大数据技术主要源于快速发展的国际互联网企业。

科研数据存在于具有极高计算速度且性能优越机器的研究机构，包括生物工程研究以及粒子对撞机或天文望远镜。

移动互联网时代普及LBS，基于位置的服务和移动平台的感知功能，感知数据逐渐与互联网数据越来越重叠，但感知数据的体量同样惊人，并且总量可能不亚于社交媒体。

企业数据种类繁杂，他们同样可以通过物联网收集大量的感知数据，且增长极其迅猛，企业外部数据日益吸纳社交媒体数据，内部数据则不仅有结构化数据，而且有越来越多的非结构化数据，由早期电子邮件和文档文本等扩展到社交媒体与感知数据，包括多种多样的音频、视频、图片、模拟信号等。

（三）大数据的技术

大数据技术包括大数据科学、大数据工程和大数据应用。大数据工程指通过规划建设大数据并进行运营管理的整个系统；大数据科学指在大数据网络的快速发展和运营过程中寻找规律，验证大数据与社会活动之间的复杂关系。

大数据技术需要有效地处理大量数据，包括大规模并行处理（MPP）数据库、分布式文件系统、数据挖掘电网、云计算平台、分布式数据库、互联网和可扩展的存储系统。当前用于分析大数据的工具主要有开源与商用两个生态圈，开源大数据生态圈主要包括Hadoop HDFS，Hadoop Map Reduce，HBase等，商用大数据生态圈包括一体机数据库、数据仓库及数据集市。大量非结构化数据通过关系型数据库处理分析需要大量时间和金钱，因此，需要大量电脑持续高效分配工作。大数据分析常和云计算联系到一起，大数据分析相比传统的数据仓库数据量大，查询分析则较为复杂。

大规模数据分析技术方面源于社交网络，大数据应用使人们的思维不局限于数据处理机器，重要的是新用途和新见解，对大规模信息的处理需求从根本上推动了大数据相关技术的发展，超级计算机的发明、大数据的存储和处理技术以及大数据分析算法的研发，最终促进教育、金融、医疗等多方面大数据广泛应用。

（四）大数据的基本特点

1. 体量巨大，种类繁多

互联网搜索的发展、电子商务交易平台的覆盖和微博等社交网站的兴起，产生了无穷无尽的各种数据内容。

传感、存储和网络等计算机科学领域在不断前行，人们在不同领域采集到的数据量达到了前所未有的程度，收集大量数据原因在于网络数据可以实现同步实时收集，包括电子商务、传感器、智能手机等，还有医疗领域的临床数据和科学研究。例如，基因组研究将GB级乃至TB级数据输送到数据库。在数据总量的增长中，非结构化数据占到85%以上，增速比结构化数据快大概几十倍。

对于存储和网络企业的投资者来说，这类预测能提升信心，美国咨询公司麦肯锡从个体数据集的大体量定义大数据，指传统数据库软件工具难以采集、存储、分析管理的巨大的数据集。数据类型日益繁多，例如视频、文字、图片、符号等各种信息，发掘这些形态各不相同的数据流之间的相关性是大数据的最大优点。比如供水系统数据与交通状况比较可以发现清晨洗浴和早高峰的时间密切相关，电网运行数据和堵车时间地点有相关性，交通事故率关联睡眠质量。

2. 开放公开，容易获得

采集大数据不是为了存储而是为了进行分析。大数据不仅存在于特定的政府机构和企业组织，而且在社会生活生产过程中是自动产生存储的。电信公司积累客户的电话沟通记录，电子商务网站整合消费者的各种信息，企业通过挖掘海量数据可以增强自身能力、改善运营服务、提供决策支持，实现商业智能进而为自身带来高额经济效益回报，发现企业发展的特殊规律。今天，在一定规则开放性下，依靠应用程序接口技术和爬虫采集技术，越来越多的商业组织和政府机构开始向社会各界和研究机构提供自身采集储存的各种海量数据源。并且国内外大量组织收集微博上的海量信息，分析个人特征和属性标签，预测社会舆情、电影票房或者商业机会。开放公开容易获得的数据源成为大数据时代的基本特征，产生巨大的社会影响。

3. 重视社会预测

预测是大数据的本质特征。在大数据时代，预见行业未来的能力成为企业追求的目标。人们极为关注大数据预知社会问题的应用功能，在社会科学领域大数据中，将发挥越来越突出的巨大作用。

4. 重视发现而非实证

实证研究强调建立理论假设，设定范围随机抽样，定量调查采集数据，收集相关数据，进而证伪或证实理论假设，连续线性的决策，逻辑严密的思维。大数据则重视数据、创造知识、预测前景、探索未知、关注现象、发现机遇。预见未来依靠自下而上的数据收集处理，不依赖理论假设的前提下去发现知识、洞察趋势、找到规律。通常数据挖掘不做刻板假设，具有未知性，但结果有效并且实用。

5. 重视全体忽略抽样

大数据是信息技术自动采集存储的海量数据，可以进行快速分析处理得到结果。随着存储设备成本不断下降，计算机工具效能日趋先进，处理海量数据的能力快速提升，数据挖掘算法持续加速改进，尤其是机器学习的神经网络建模技术使得抽样调查不再是唯一的方法。大数据理论上可以把握总体数据，更加重视整体的全部数据。

6. 非结构化数据的涌现

数据挖掘重视未知的有效信息和实用知识，越来越多的是非结构化数据，这成为大数据时代的突出特征。现在超过 90% 的数据都是非结构化数据，社交媒体尤其微博随时产生的无数数据文本，导致有价值的数据隐藏在海量信息中，大数据分析技术从大量文本中挖掘探析人们的态度和行为，呼应舆情监测的社会需求和企业的重大商机。面对非结构化的大数据采集处理，社会产生了新的需求，技术发生了新的变革，各种 Hadoop 集群、NoSQL 以及 MapReduce 等非关系型数据库流行，IT 新技术不断涌现。大数据包括数据挖掘（Data mining）、网络挖掘（Web mining）、文本挖掘（Text mining）、机器学习和 NLP 自然语言处理等 IT 和商业智能（Business Intelligence，BI）信息技术和决策支持系统及其在社会科学领域的应用。

二、大数据的内涵探究

（一）大数据的信息本质

从人类认识史可以发现，对信息的认识史就是人类的认识进步史与实践发展史。人类历史上经历过四次信息革命。

第一次是创造语言，语言是即时变换和传递信息的工具，人类通过语言建立相互关系认识世界。语言表明人类要求表达、认识世界并开始作用于世界，通过语言产生思维，将事物的信息抽象表达为声音这个即时载体，但语言的限制和缺点是无法突破个体的时空。

第二次是创造文字以及随之而来的造纸与印刷技术，实现了人类远距离和跨时空的思想传递，人类因此扩大联合，文字虽然突破了时间、空间上的限制，但需要耗费太高的交流成本和传播成本。

第三次是发明电信通讯，电报、广播、电视实现了文字、声音和图像信息的远距离即时传递，为电子计算机与互联网创造奠定了基础。

第四次是电子计算机与互联网的创造，是一次空前的伟大综合，其特点是所有信息全部归结为数据，表达形式为数字形式，只要有了 0 和 1 加上逻辑关系就可以构成全部世界。现代通信技术和电子计算机的有效结合，使信息的传递速度和处理速度得到了巨大的提高，人类掌握信息、利用信息的能力达到了空前的高度，人类社会进入了信息社会。在一定意义上人类文明史是一部信息技术的发展进化历史。

1. 信息的定义

从本体论层次定义，信息可分为事物的存在方式和运动状态的表现形式，事物泛指存在于人类社会、思维活动和自然界中一切可能的对象，存在方式指事物的内部结构和外部联系，运动状态指事物在时空变化的特征和规律。从认识论层次看信息是主体所感知或表述的事物存在的方式和运动状态。主体所感知的是外部世界向主体输入的信息，主体所表达的则是主体向外部世界输出的信息。

2. 数据的定义

数据就是指能够客观反映事实的数字和资料，可定义为用意义的实体表达事物的存在形式，是表达知识的字符集合。按性质可分为表示事物属性和反映事物数量特征的定量数据。按表现形式可分为数字数据和模拟数据，模拟数据又可以分为符号数据、文字数据、图形数据和图像数据等。

数据在计算机领域是指可以输入电子计算机的一切字母、数字、符号，具有一定意义且能够被程序处理，是信息系统的组成要素。数据可以记录或传输，并通过外围设备在物理介质上被计算机接收，经过处理而得到结果。计算机系统的每个操作都要处理数据，通过转换、检索、归并、计算、制表和模拟等操作，经过解释并赋予一定的意义之后便成为信息，可以得到人们需要的结果。分析数据中包含的主要特征，就是对数据进行分类、采集、录入、储存、统计检验、统计分析等一系列活动，接收并且解读数据才能获取信息。

3. 数据与信息的辩证关系

数据是信息的载体，信息是有背景的数据，而知识是经过人类的归纳和整理，最终呈现规律的信息。但进入信息时代之后，“数据”二字的内涵开始扩大：不仅指代“有根据的数字”，而且统指一切保存在电脑中的信息，包括文本、图片、视频等。

简单地说，信息是经过加工的数据，或者说，信息是数据处理的结果。信息与数据是不可分离的，数据是信息的表现形式，信息是数据的内涵。数据本身并没有意义，数据只有对实体行为产生影响时才成为信息。信息可以离开信息系统而独立存在，也可以离开信息系统的各个组成和阶段而独立存在；而数据的格式往往与计算机系统有关，并随载荷它的物理设备的形式而改变。大数据可以被看作依靠信息技术支持的信息群。

（二）大数据的使用价值

1. 大数据能促进决策数据化

指一切内容都通过量化的方法转化为数据，比如一个人所在的位置、引擎的振动、桥梁的承重等，这就使得我们可以发现许多以前无法做到的事情，这样就激发出了此前数据未被挖掘的潜在价值。数据的实时化需求正越来越突出，网络连接带来数据实时交换，促使分析海量数据找出关联性，支持判断，获得洞察力。伴随人工智能和数据挖掘技术的不断进步，大数据提高信息价值促成决策让企业获得成功。

2. 大数据的市场价值

大数据不仅仅拥有数据，而且通过专业化处理产生重大市场价值。大数据在当代社会成为一种人人可以轻易拥有、享受和运用的资产。好的数据是业务部门的生命线和所有管理决策的基础，数据应该随时为决策提供依据。数据的价值在于即时把正确的信息交付给恰当的人。那些能够驾驭客户相关数据的公司与自身的业务结合是其优势所在。拥有大量数据的公司进行数据交易得到收益，利用数据分析降低企业成本，提高企业利润。数据成为最大价值规模的交易商品。大数据体量大、种类多，通过数据共享处理非标准化数据可以获得价值最大化。大数据的提供、使用、监管将其变成大产业。

3. 大数据的预测价值

如今是一个大数据时代，大部分数据由传感器和自动设备生成，采集与价值分离，全面记录即时系统，可以产生巨大价值。记录数据与利益并不直接相关，仅仅是对操作过程的次序和具体内容采集，网络时代不同主体之间有效连接，实时记录会提高每个主体对自己操作行为的负责程度。随着互联网经济与实体经济的融合，网络操作记录已经成为网络经济发展的基本保证。信息系统运行会出现差异，打破平衡，适当的外部资源微调可以避免系统崩溃，确保良性运行。预测未来是目前大数据最突出的价值体现。考察数据记录发现其规律特征，从而优化系统以便预测未来的运行模式实现价值。无论企业还是国家都开始通过深入挖掘大数据，了解系统运作，相互协调优化。大数据连接相互个体，简化交互过程，减少交易成本。

（三）大数据的思维方式

随着信息产业的发展，移动互联网和云计算如火如荼，物联网和社交网络日新月异，4G 网络改善加快，网上购物和信息传输导致数据量翻天覆地的增进。大数据表明人类迈进信息时代与智能时代。大数据时代与工业社会相比，具有以下新的特点。

一是采集数据的方式和路径越来越多，内容和类型日益丰富多元。任何想要了解关注的领域，都可以通过大数据获得超乎想象的海量数据，大数据产生多联系，相关性产生新结果，获得意料之外的收获。

二是数据分析不仅仅靠微观抽样，更可以全面获得宏观整体的数据。传统抽样调查可以确认信息来源及其现实客观真实性。大数据时代的海量数据内容庞杂，类型多样，来源广泛，分析大数据必须具备宏观掌控能力，在整体层面具备敏锐的直觉和洞察力。

三是追求事物的简单线性因果关系转向发现丰富联系的相关关系。在大数据时代，通过无处不在、各种各样的数据可以帮助我们发现事物之间的相关关系，得知事情发生的趋势和可能性，给我们提供新的竞争优势，得到非常有价值的社会认知，不必通过抽样少量数据建立假设做出分析，大数据会让事物之间的联系自动呈现，相关关系预测能够准确完成。基于大数据的商业分析能够建立在全部样本空间上面，我们不必一定遵循因果关系的预测，这可以使事物相关关系预测进行，由于能够获取事物的全部样本空间，才使得相关关系预测变为可能。这将颠覆传统的逻辑思维方式，改变人类传统认知世界的方式，对社会科学与商业竞争提出了严峻挑战，将扭转我们的思维定式，引发新的商业模式。

大数据不仅是客观存在，而且是一种新的世界观；还必将成为使用主体的竞争优势和企业战略。我们必须主动学习大数据，利用大数据才能在未来世界赢得先机，驱动发展，取得胜利。过去数据采集不易，储存困难，作为稀缺资源，现在大数据可以无限产生海量存储及时处理赢得价值。大数据时代需要每一个个体、企业和政府采集数据、自动储存、客观分析、全面占用。决策者越来越离不开大数据里蕴藏的巨大价值。数据存储成本不断下降，大数据实践体现组织或机构的意识和实力。

（四）大数据的主体分类

随着信息时代发展到网络时代，人们的生活经过网络进行数据化处理，随时分享，留下记录，变成数据。互联网上的大数据不容易分类，百度把数据分为用户搜索产生的需求数据以及通过公共网络获取的数据；阿里巴巴则根据其商业价值分为交易数据、社交数据、信用数据和移动数据；腾讯善于挖掘用户关系数据并且在此基础生成社交数据。通过数据分析人们的许多想法和行为，从中发现政治治理、文化活动、社会行为、商业发展、身体健康等各个领域的信息，进而可以预测未来。互联网大数据可以分为互联网金融数据以及用户消费产生的行为、地理位置以及社交等大量数据。从社会宏观角度根据其使用主体可分为以下三类。

1. 政府的大数据

各级政府的各个机构拥有海量的原始数据，构成社会发展与运行的基础，包括形形色色的环保、气象、电力等生活数据，道路交通、自来水、住房等公共数据，安全、海关、旅游等管理数据，教育、医疗、信用及金融等服务数据。在具体的政府单一部门里面无数数据固化而没有产生任何价值，如果关联这些数据流动起来综合分析有效管理，这些数据将产生巨大的社会价值和经济效益。

2. 企业的大数据

企业离不开数据支持来有效决策，只有通过数据才能快速发展，实现利润，维护客户，传递价值，支撑规模，增加影响，撬动杠杆，带来差异、服务买家、提高质量，节省成本，扩大吸引，打败对手、开拓市场。企业需要大数据的帮助才能对快速膨胀的消费者群体提供差异化的产品或服务，实现精准营销。网络企业应该依靠大数据实现服务升级与方向转型，传统企业面临无处不在的互联网压力，同样必须谋求变革实现融合不断前进。

随着信息技术的发展，数据成为企业的核心资产和基本要素，数据变成产业进而成长为供应链模式，慢慢连接为贯通的数据供应链。互联网时代，互相自由连通的外部数据的重要性逐渐超过单一的内部数据，企业个体的内部数据更是难以和整个互联网数据相提并论。综合提供数据，推动数据应用、整合数据加工的新型公司明显具有竞争优势。

大数据时代产生影响巨大的互联网企业，而传统 IT 公司随着网络社会的到来开始进入互联网领域，需要云计算与大数据技术，改善产品，提升平台，实现升级，这两类公司互相借鉴、合作，彼此竞争。

3. 个人的大数据

每人都能通过互联网建立属于自己的信息中心，积累、记录、采集、储存个人的一切大数据信息。根据相关法律规定，经过本人亲自授权，所有个人相关信息将转化为有价值的数据，被第三方采集可以快速处理，获得个性化的数据服务。通过信息技术使得各种可穿戴设备，包括植入的各种芯片都可以通过感知技术获得个人的大数据，包括但不限于体温、心率、视力各类身体数据以及社会关系、地理位置、购物活动等各类社会数据。个人可以选择将身体数据授权提供给医疗服务机构，以便监测出当前的身体状况，制订私人健康计划；还能把个人金融数据授权给专业的金融理财机构，以便制订相应的理财规划并预测收益。

当然，国家有关部门还会在法律范围内经过严格程序进行预防监控，实时监控公共安全，预防犯罪。个人的大数据严格受到法律保护，其他第三方机构必须按法律规定授权使用，数据必须接受公开透明全面监管；采集个人数据应该明确按照国家立法要求，由用户自己决定采集内容与范围，数据只能由用户明确授权才能进行严格处理。

第二节　大数据与海量信息的关系

大数据和海量信息是紧密相关的概念，它们之间存在着密不可分的关系。海量信息是指大量数据和信息的集合，包括结构化和非结构化的数据，如文本、图像、视频、音频等。这些数据通常来自不同的来源和领域，包含了各种各样的信息。海量信息的处理和管理对于人类的决策、科学研究、商业运营等领域都具有重要的意义。而大数据则是指这些海量信息的处理和分析过程，利用计算机技术、数学方法和统计学等工具，从数据中挖掘出有用的信息和知识。大数据的处理需要依赖海量信息的存储和传输技术，同时也需要处理高速产生的数据流和多样化的数据类型。因此，海量信息是大数据分析的基础和来源，而大数据分析则是从海量信息中提取有用信息和知识的关键技术。两者相互依存、相互促进，是现代信息社会的重要组成部分。

一、海量信息的概念

“海量信息”是指在数字化时代中，以各种形式（如文本、图像、音频、视频等）大量产生并积累的信息。这些信息量通常是庞大得难以想象的，可能难以被人工处理或分析。

随着科技的发展和人类活动数字化程度的提高，海量信息已经成为我们日常生活的一部分。例如，社交媒体上大量用户产生的数据、医疗记录、地球观测数据、交通运输数据、金融数据等都属于海量信息的范畴。

处理海量信息需要各种高级计算技术，例如机器学习、自然语言处理、数据挖掘、信息检索、图像识别等。这些技术可以帮助我们更好地理解和利用这些信息，从而为人类的发展和进步做出贡献。

处理海量信息还需要考虑到存储、传输和处理的效率问题。由于数据量太大，传输速度缓慢或存储空间不足可能会导致信息的丢失或处理速度变慢。因此，需要采用一些优化方法来提高数据处理的效率。

例如，数据压缩可以减小存储空间和提升传输速度的需求。分布式计算可以将任务分配给多台计算机，以加快计算速度。并行计算可以将任务分成多个子任务，并在多个处理器上同时运行，以加快计算速度。

此外，处理海量信息还需要注意数据安全和隐私保护问题。由于海量信息中包含着大量个人和机构的敏感信息，因此需要采用一些技术和方法来保障数据的安全和隐私。例如，数据加密、身份验证、权限控制等。

总之，处理海量信息是一个挑战性的任务，但同时也是一个充满机遇的领域。通过更好地理解和利用这些信息，我们可以为人类的发展和进步做出更大的贡献。

二、大数据海量数据挖掘技术

（一）大数据挖掘的定义

大数据挖掘是从数据集中发现信息和知识的过程。这些数据集往往具有大规模性、不完全性、掺杂噪声、模糊性、随机性的特点，但这些数据集中蕴含着人们所希望知道的信息和知识。数据挖掘是一个知识发现的过程，在这个过程中的每一个步骤都遵循着一定的准则，以达到相应的目的，图 3–1 给出了数据挖掘的几个步骤。

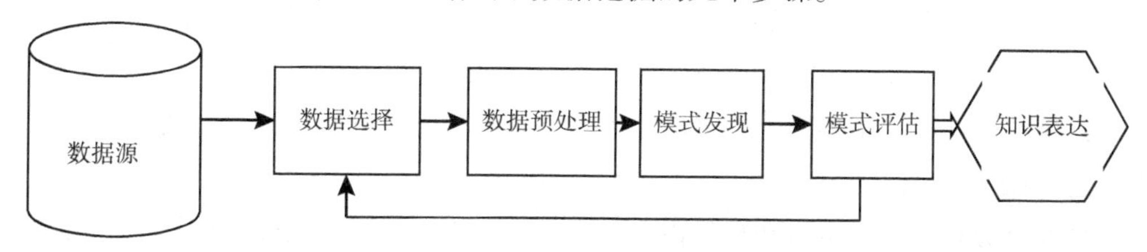

图 3–1　数据挖掘的过程

各步骤的具体功能如下。

数据选择：由于数据集规模较大且含有干扰数据，需选择出与目标相关的数据进行挖掘。通过数据选择能够大大提高数据挖掘的效率。

数据预处理：数据预处理包括数据清理、数据集成和变换、数据归约、离散化等方法，需根据数据集的特点和挖掘方法选择适合的预处理方法。

模式发现：该步骤是知识发现的关键点，是从数据集中进行知识发现的过程。

模式评估：对发现的知识进行评估，得到其所代表的知识模式。

知识表达：利用可视化技术或其他知识表示技术将挖掘出的知识模式直观地提供给用户。

在步入 Web2.0 时代以来，人们积累的数据量呈爆炸式增长，动辄以 TB、PB 级计算，这些数据类型复杂，包括结构化、半结构化以及非结构化数据。除了数据规模及数据类型较传统数据挖掘对象不同外，大数据产生的速度也比传统数据提高了好几个数量级。如何从大规模、快速到达、异构的数据源中进行有效的数据挖掘是目前数据挖掘所面临的一大难点，大数据挖掘就是为解决这一问题而生并迅速发展起来的数据处理技术，其目标是使用尽量低的成本对大数据进行高效处理，利用高速有效的算法或者一些非传统的数据处理工具及平台对大量的结构化、半结构化及非结构化数据集合进行挖掘，从而得到有价值的知识和信息。

（二）数据挖掘的关键技术

在云计算、物联网等一系列信息技术快速发展的方向，各种移动智能设备、传感网络、电商网站、网络社交在运行的过程中时时刻刻产生数据，这些数据发挥出了重要的作用。大数据的体量越来越大、类型越来越多，逐渐影响各行业的生产与发展。只有掌握大数据挖掘的关键技术，才能更好地发挥大数据的价值。

1. 大数据的采集

针对大数据采集是实现大数据挖掘的基础和前提，在数据采集的过程中需要根据不同的需求对数据进行识别和感知。首先在基础支撑层可以针对平台中所蕴含的数据进行必要的核对，在此基础上根据数据库技术借助运营商对网络数据进行处理，使之更好地满足实际需求，在数据整合处理的过程中，通过企业的决策信息使之更好地指导企业的发展，提高企业自身的运营能力。

在互联网时代，每天都会产生海量的数据信息，这些数据一方面满足了客户的需求，另一方面企业通过对这些数据信息进行设计，能够发现更具有潜力的市场，从而展现出更高的价值。当前，在数据采集的过程中，单一用户位置、信息价值等蕴含的数据含量价值相对较低，而为了更好地提高数据整体的价值，需要从更加多元的角度出发进行数据收集。尤其是在当前的网络环境下，借助聚类和关联的分析能够收集到更加完整的数据，使之更好地展现其价值。

大数据采集是指从传感器和智能设备、企业在线系统、企业离线系统、社交网络和互联网平台等获取数据的过程。数据包括 RFID 数据、传感器数据、用户行为数据、社交网络交互数据及移动互联网数据等各种类型的结构化、半结构化及非结构化的海量数据。不但数据源的种类多，数据的类型繁杂，数据量大，并且产生的速度快，传统的数据采集方法完全无法胜任。所以，大数据采集技术面临着许多技术挑战，一方面需要保证数据采集的可靠性和高效性，另一方面还要避免重复数据。

（1）大数据体系分类

传统的数据采集来源单一，且存储、管理和分析数据量也相对较小，大多采用关系型数据库和并行数据库即可处理。

在依靠并行计算提升数据处理速度方面，传统的并行数据库技术追求的是高度一致性和容错性，从而难以保证其可用性和扩展性。

在大数据体系中，传统数据分为业务数据和行业数据，传统数据体系中没有考虑过的新数据源包括内容数据、线上行为数据和线下行为数据三大类。

在传统数据体系和新数据体系中，数据共分为以下五种：

业务数据：消费者数据、客户关系数据、库存数据、账目数据等。

行业数据：车流量数据、能耗数据、$PM_{2.5}$ 数据等。

内容数据：应用日志、电子文档、机器数据、语音数据、社交媒体数据等。

线上行为数据：页面数据、交互数据、表单数据、会话数据、反馈数据等。

线下行为数据：车辆位置和轨迹、用户位置和轨迹、动物位置和轨迹等。

大数据的主要来源如下。

企业系统：客户关系管理系统、企业资源计划系统、库存系统、销售系统等。

机器系统：智能仪表、工业设备传感器、智能设备、视频监控系统等。

互联网系统：电商系统、服务行业业务系统、政府监管系统等。

社交系统：微信、QQ、微博、博客、新闻网站、朋友圈等。

在大数据体系中，数据源与数据类型的关系如图 3-2 所示。大数据系统从传统企业系统中获取相关的业务数据。

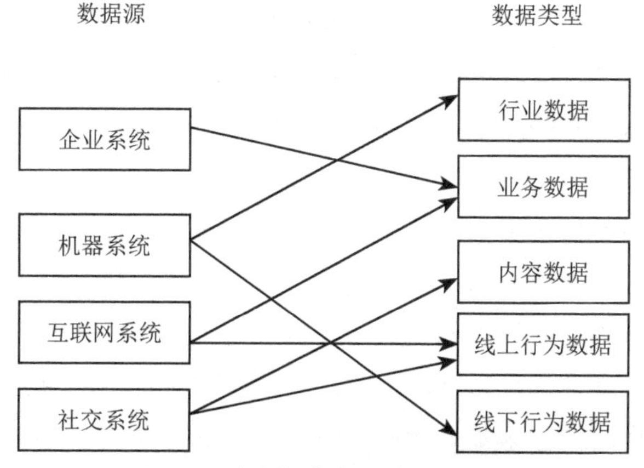

图 3-2　数据源与数据类型的关系

机器系统产生的数据分为两大类。

通过智能仪表和传感器获取行业数据，例如，公路卡口设备获取车流量数据，智能电表获取用电量等。

通过各类监控设备获取人、动物和物体的位置和轨迹信息。

互联网系统会产生相关的业务数据和线上行为数据，例如，用户的反馈和评价信息，用户购买的产品和品牌信息等。

社交系统会产生大量的内容数据，如博客与照片等以及线上行为数据。所以，大数据采集与传统数据采集有很大的区别。

从数据源方面来看，传统数据采集的数据源单一，就是从传统企业的客户关系管理系统、企业资源计划系统及相关业务系统中获取数据，而大数据采集系统还需要从社交系统、互联网系统及各种类型的机器设备上获取数据。

从数据量方面来看，互联网系统和机器系统产生的数据量要远远大于企业系统的数据量。

从数据结构方面来看，传统数据采集的数据都是结构化的数据，而大数据采集系统需要采集大量的视频、音频、照片等非结构化数据，以及网页、博客、日志等半结构化数据。

从数据产生速度来看，传统数据采集的数据几乎都是由人操作生成的，远远慢于机器生成数据的效率。因此，传统数据采集的方法和大数据采集的方法也有根本区别。

（2）大数据采集方法分类

大数据采集过程中的主要特点和挑战是并发数高，因为同时可能会有成千上万的用户在进行访问和操作。例如，火车票售票网站和淘宝的并发访问量在峰值时可达到上百万，所以在采集端需要部署大量数据库才能对其支撑。并且，在这些数据库之间进行负载均衡和分片是需要深入地思考和设计的。

根据数据源的不同，大数据采集方法也不相同。但是为了能够满足大数据采集的需要，大数据采集时都使用了大数据的处理模式，即 Map Reduce 分布式并行处理模式或基于内存的流式处理模式。

针对四种不同的数据源，大数据采集方法有以下几大类。

数据库采集。传统企业会使用传统的关系型数据库 MySQL 和 Oracle 等来存储数据。

随着大数据时代的到来，Redis、MongoDB 和 HBase 等 NoSQL 数据库也常用于数据的采集。企业通过在采集端部署大量数据库，并在这些数据库之间进行负载均衡和分片，来完成大数据采集工作。

系统日志采集。系统日志采集主要是收集公司业务平台日常产生的大量日志数据，供离线和在线的大数据分析系统使用。

高可用性、高可靠性、可扩展性是日志收集系统所具有的基本特征。系统日志采集工具均采用分布式架构，能够满足每秒数百 MB 的日志数据采集和传输需求。

网络数据采集。网络数据采集是指通过网络爬虫或网站公开 API 等方式从网站上获取数据信息的过程。

网络爬虫会从一个或若干初始网页的 URL 开始，获得各个网页上的内容，并且在抓取网页的过程中，不断从当前页面上抽取新的 URL 放入队列，直到满足设置的停止条件为止。

这样可以将非结构化数据、半结构化数据从网页中提取出来，存储在本地的存储系统中。

感知设备数据采集。感知设备数据采集是指通过传感器、摄像头和其他智能终端自动采集信号、图片或录像来获取数据。

大数据智能感知系统需要实现对结构化、半结构化、非结构化海量数据的智能化识别、定位、跟踪、接入、传输、信号转换、监控、初步处理和管理等。其关键技术包括针对大数据源的智能识别、感知、适配、传输、接入等。

2. 大数据预处理技术

大数据预处理技术是在数据挖掘前对数据进行前期清理、集成、归纳。通过大数据预处理技术，能够针对海量的数据信息进行审核和价值分析，筛选出有用的信息。通过大数据数量的增加对各项数据进行综合汇总，进一步增强数据处理的效果。

（1）大数据处理过程

大数据处理技术的一般处理流程如图 3–3 所示。大数据处理的过程有许多种定义模式，这里取通俗的一种即从数据本身出发，从数据来源获取数据→对数据进行大数据预处理→数据存储→数据处理→数据表达。大数据的处理技术离不开海量数据，从数据本身出发技术流程的关键在于首先从数据来源获得数据，其手段大致分为：专业数据机构获取、国家统计局获取、企业内部数据获取以及互联网获取。数据获取后便需要对获取的数据进行预处理工作，剔除和用科学方法替代无用数据，从而使样本更具有合理性，从而得出的结论具有更高水平的置信度。在完成了数据的预处理过程后，便要对数据进行处理，这里的处理方式为云计算处理，采用分布式处理方式，在大型计算机组的配合下，完成高效率的存储。将存储数据进行处理，通过回归、拟合、插值等算法建立数学模型，从而对所求的方向进行科学合理的统计、分析、预测，进行深层次的数据挖掘，从而找到更深层意义的数据价值。将所得到的数据核对数据的挖掘进行数据表达，从而构建和完善整个大数据的体系。

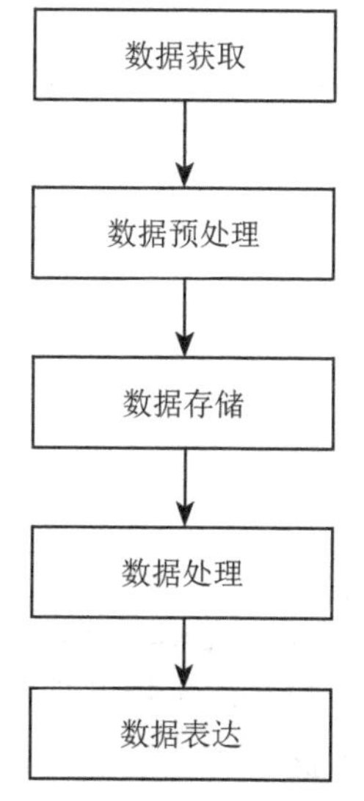

图 3–3　大数据处理流程图

从整个大数据的处理流程来看，数据预处理技术的水平决定了数据的真实性、完整性，对后续的数据分析起到十分关键的作用。

（2）大数据预处理技术

大数据的预处理过程比较复杂，主要过程包括：对数据的分类和预处理、数据清洗、数据的集成、数据归约、数据变换以及数据的离散化处理，如图 3–4 所示。

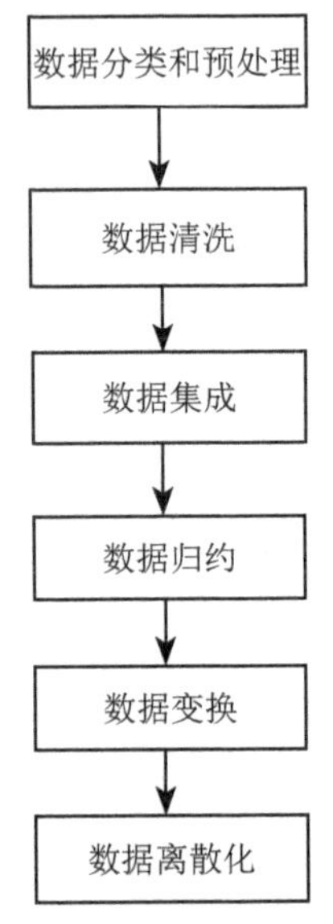

图 3–4　大数据预处理过程

数据的预处理过程主要是对不能采用或者采用后与实际可能产生较大偏差的数据进行替换和剔除。数据清洗则是对“脏数据”进行分类、回归等方法进行处理，使采用数据更为合理。数据的集成、归约和变换则是对数据进行更深层次的提取，从而使采用样本变为高特征性能的样本数据。而数据的离散化则是去除数据之间的函数联系，使拟合更有置信度，不受相关函数关系的制约而产生的复合性，主要针对重复数据、噪声数据和不完整数据进行预处理技术分析，如图 3–5 所示。

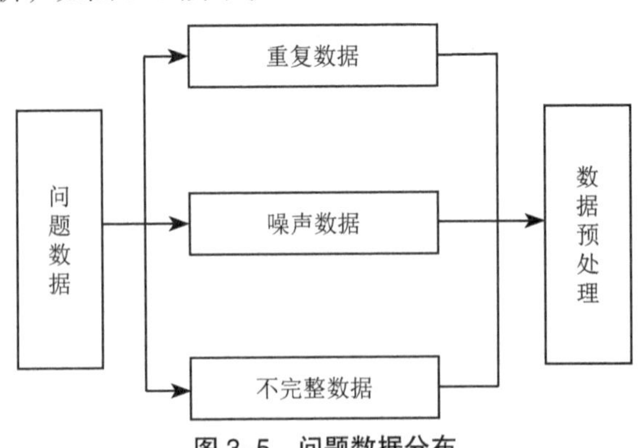

图 3–5　问题数据分布

重复数据的预处理。重复数据即指多次出现的数据，对于整体样本所占权重比其他数据大，更容易产生结果的倾向性，因此对于重复数据常用的方式是剔除，或者按比例降低其权重，进行数据的重新布局形成概率分布。

对于一般数量可控的重复数据，通常采用的方式为简单的比较算法剔除。对于重复的可控数据而言，一般通过代码实现对信息匹配比较，进而确定剔除不需要的数据。在大数据云处理这样的模式背景下可以完成相关操作，但是对于存储空间和运行速度的考验非常大，因此这种有限可控数据的个人 PC 端操作不再适用。应用比较成功的是一种混合删除机制（Hy–Dedup），Hy–Dedup 的魅力在于它将在线删除和离线删除技术结合，并且先通过在线删除技术节约存储空间，然后通过离线删除技术将未能在线删除和删除不彻底的重复数据删掉。将重复数据剔除后的数据通过云存储或者本地存储的方式留下，从而保证数据的完整性，具体的操作如图 3–6 所示。

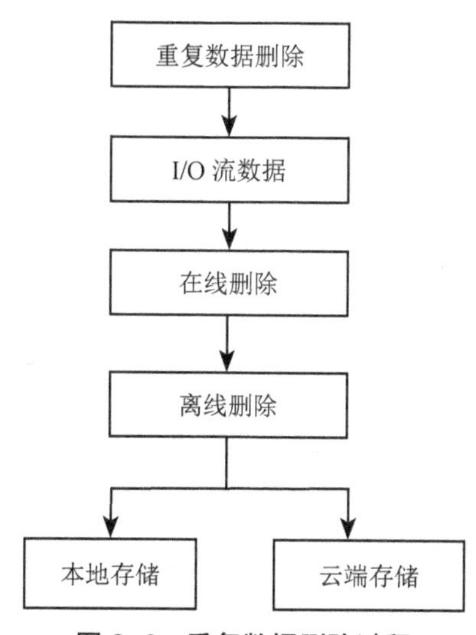

图 3–6 重复数据删除过程

为了防止流数据的碎片化，通常会记录重复最大数据长 – 度的次数用 Vw 存储，记录顺序读取的长度值用 V_r 存储。同时设立阈值 $Z=\Sigma（RL_d+（1-r）L_r）/N$，其中：$L_d$ 和 L_r 是重复序列的平均长度以及平均读取长度，Z 是读和写延迟的平衡点，也是我们需要得到的阈值信息，r 是所有请求之间的写比率，N 为估算间隔。L_d 和 L_r 根据 V_w 和 V_r 得到的数据进行计算，从而得到准确结果，进而判断阈值信息。如果删减率减少超过了 50%，则将 L_d 和 L_r 置 0，该方法准确而且大规模分块式地解决了重复数据在大数据模式下的剔除问题。

噪声数据的预处理。噪声数据是指严重偏离其他数据的数据信息，其表现为离群点、毛刺或者竞争现象。解决这个问题的常用方法是回归和分箱，离群点分为三大类：全局离群点、集体离群点和情景离群点，全局离群点和集体离群点往往是特别需要关注的信息。

离群点的检测方式。离群点的主要检测手段是基于统计的离群点检测、基于密度的离群点检测、基于距离的离群点检测和基于偏差的离群点检测。纵观整个离群点的检测方式，用代码识别基于距离的离群点检测相对容易，这里可以通过简单的计算代码和云计算的方式结合得到大数据时代常用的离群点检测手段。

离群点的回归处理。回归是指根据大多数数据拟合的近似函数来进行对数据偏离总体较严重的样本进行替换的方式，其最主要的方式是线性回归，当然二次回归等其他方式的回归在理论上也可以达到较高的准确度，因此回归也是一个处理问题噪声数据的重要手段。

不完整数据的预处理。在大数据处理数据的背景中还存在着另外一种无法直接运用的数据，便是缺失数据，缺失数据即数据不完整，存在信息丢失，而无法完成相关的匹配和计算的数据，例如信息统计中的年龄和性别丢失的情况。缺失数据的处理主要有四种方式：均值补差、利用同类均值补差、极大似然估计、多重补差。从简单意义上讲均值补差和利用同类均值补差是思维简单的处理方式，在实际应用中也比较广泛。极大似然估计是在概率上用最大可能的方式处理数据的缺失问题，由于存在局部极值而且收敛速度过慢，计算较为复杂。但多重补差的观念主要体现在对于每一个缺失值提供一个可能的替换值，确保其无关性，构成替换阈，再根据其自由组合，从而对每一个替换结果进行总体预测，对结论进行总体评判。这种思想的体现就是多重补差，来源于贝叶斯极大似然，却在该方法的预判性上产生更多的多元化操作。

3. 大数据管理技术

借助数据管理能够帮助信息数据在复杂的应用系统中，多样化的互联网设备，对海量的数据进行收集汇总。物联网系统中的数据复杂多样，随着互联网技术的不断发展，对于各类数据的应用场景也在不断演变，使数据的类型越发多样。因此，只有借助大数据管理技术从不同的维度出发对数据进行有效的分析和管理，才能对数据进行高效整理，从而根据不同行业的需求挖掘相应的技术，根据具体设计的系统框架提高数据的利用价值和效率。

（1）数据管理的价值

数据管理的价值显著，主要体现在两方面。

能够有效地利用数据所反映的价值。数据不仅能够反映表面现状，也能够揭示发展的基本规律。做好数据管理，总结数据表面现状和深层的变化趋势，能够为企业发展提供指导和参考。

做好数据管理工作。生产的成本控制以及风险规避会更加有效。利用数据反馈的内容总结并解决企业生产中的具体问题，如此查漏补缺能够实现企业的高效率、高质量运行。

（2）大数据时代数据管理技术的要求

在大数据时代，数据管理技术的应用要求和数据特点保持一致，所以数据管理技术要满足三方面的要求：

第一，具有较强的数据处理能力。量信息资源中发掘数据的有用价值，必须对数据进行快速的处理，所以在数据管理当中所利用的技术必须具有快速性；

第二，技术要满足自动化和智能化的需要。数据时代无论是数据资料的获取还是数据资料的处理都具有复杂性，如果依靠人工处理会造成大量的成本消耗，而智能化和自动化技术能够为数据资料的获取和处理提供有效帮助，对数据管理的实效性提升有重要的帮助；

第三，数据管理技术要满足简易性要求。数据管理技术要为数据管理服务，操作烦琐

容易引发较多的问题，所以必须让具体的技术利用具有简洁性。

（3）数据管理技术分析

当前的数据管理实践，在数据管理中主要利用的技术有三种。

第一，数据分类技术。此技术利用的主要目的是实现数据的分类，从而使复杂的数据能够实现类别划分，使其利用更具效率性。其中有两个需要注意的地方，其一是类别划分的依据确定。类别划分依据是数据分类的基础，只有科学的数据划分依据才能使类别划分准确。其二是数据分类的边界确定。从具体的分析来看，部分数据的相似性比较强，如果不做边界确定，其划分难以做到清晰明确，所以对数据的具体特征以及边界做确定，数据分类会更加的准确。

第二，数据存储技术。数据完整、规范、妥善存储是数据应用的基础，主要包括四个方面，其一是构建完整性较强的数据库，综合运用数据库技术，针对数据特点选用关系型数据库、列式数据库等，为形成有机的大数据生态体系提供基础。其二是数据模型设计技术，根据业务实际，结合选择的数据库特点设计满足应用需求的数据模型或存储模式，给出无二异性的命名原则、填写规范、存储标准，并设计建立各类数据间的关联关系。其三是要建立规范性的数据采集和处理流程，包含数据采集、抽取、清洗等多个环节，提高数据加载的效率，使数据管理的实效价值更加突出。其四是数据治理，数据在特定领域应用前都需要进行必要的治理，才能支持机器学习、人工智能等大数据应用要求。常规数据治理，需制定异常数据的捕获原则和治理标准，并建立行之有效的反馈整改、备案机制，促进数据自源头开始修正、保证准确。在应用前进行预处理，根据应用需要综合运用异常点舍弃、均值方差补充、插值等方法，为科学分析提供充分保障。

第三，数据监控和数据安全技术。在大数据时代，云计算技术的应用以及数据管理和应用基本基于网络，需要利用监控技术。监控技术主要是对管理中的数据和用户行为进行动态监管，从而基于异常判断问题原因，可为管理技术的改变和完善提供条件。与此同时，建立基于日志的数据分析体系，有利于捕捉潜在应用热点，为数据建设和应用提供方向。

4. 大数据处理和可视化技术

大数据信息具备快速处理的特点，因此在进行数据信息整理的过程中，如果针对数据信息不能及时处理，那么有用的数据信息可能因此错过，进而难以展现其数据价值。因此，在数据处理的过程中需要针对数据信息进行实时挖掘，也要进行在线管理，这样才能保证数据质量不断提升，进一步提高数据的利用效率。不仅如此，针对数据算法和数据模式进行有效分析的过程中，借助数据的可视化技术能够将计算机的融合与认知功能进行进一步提升，采用人机交互的方式对数据进行有效整合。

（1）数据可视化含义分析

人们在工作中常涉及的大数据可视化技术主要是指通过对人机交互技术以及图像处理技术等在内多种计算机数据处理技术的综合应用，将已被采集的和需要被模拟的数据映射为更加直观的、满足人们需要的图形和图像。总结来讲，数据可视化实际上就是将用户比较感兴趣的内容采取技术手段转换成为方便用户观看的图示的整个过程。计算机数据可视化更加侧重对相关数据信息进行自上而下的处理过程。在信息转换过程中，与繁复的数据相比，图表的形式不但可以将其中信息更加直观展示出来，同时还更加方便对大量信息的梳理与描绘，实现对大量数据信息的承载，而这也是云计算应用背景下将数据可视化技术发展为大数据处理重要工具的最直接原因。

就目前来看，可将数据可视化细化分为几个不同的部分，即科学可视化、信息可视化以及可视分析。其中可视分析主要是伴随人工智能技术的发展而形成的一门学科，其将数据挖掘技术、人机交互技术以及图形学等知识进行有机结合，最终实现机器智能与人脑智能的优势互补。

（2）大数据可视化主要技术

原位交互分析技术。原位交互分析技术是大数据可视化技术体系当中的重要组成部分，主要是将对内存中的大量数据展开可视化分析处理。通过对该技术的应用可以更加高效地进行庞大数据的分析处理，尤其是 PB 量级以上的数据，在对其进行数据处理时若将其储存在磁盘内再进行处理具有明显的局限性，同时还会增加 I/O 的开销。但是，若在数据信息在内存其间展开可视化分析，得出的结果较为合理，则有助于我们实现数据使用与磁盘读取比例的最大化。但是，在采用该方法进行数据可视化分析的时候也存在一定的风险，须加强技术优化。

大数据存储技术。该技术最主要的功能在于对云服务器无法处理的问题进行解决，如 EB 量级的超大规模数据的应用问题等，近年来国内外大量技术人员致力于新技术的研究工作，主要目的仍在于在控制数据存储成本的前提下提高技术应用质量与速率。同时，基于云端数据库的数据传输在很大意义上受到宽带的影响，在这种情况下，人们还需进一步深化对大数据可视化技术的应用和研究。

可视化分析算法。在进行大数据可视化技术的应用过程中，不但要对可视化处理的数据信息规模问题加以考量，同时还应充分注意视觉感知高效算法的应用问题。以进一步满足用户的可视化处理需求为目的，还需采取技术措施提高数据输出适应性，借此促进数据处理需求与自动学习算法的深度结合，扩展控制参数的搜索空间，在控制分析成本的基础上对数据搜索时间进行缩减。

不确定性的量化。通常条件下，为提高数据信息的分析速率，需要在人物中纳入数据亚采样，这就使得分析过程中的不确定性大大增加，同时，若数据规模增加，那么数据信息的分析能力也会直接受到影响。因此，目前不确定性因素和元素量化等问题成为重要研究方向。通过可视化分析的应用能够为用户建立相应的视图，并将其中各种不确定因素体现在视图内，继而帮助用户提高参数的选择速率，降低参数选择的出错率。

并行计算。在计算机数据可视化技术应用过程中，应用并行计算技术可促进待分析数据信息的实时交互，并降低单个核心在结构内所占的内存，促进系统运行速率的提升。但

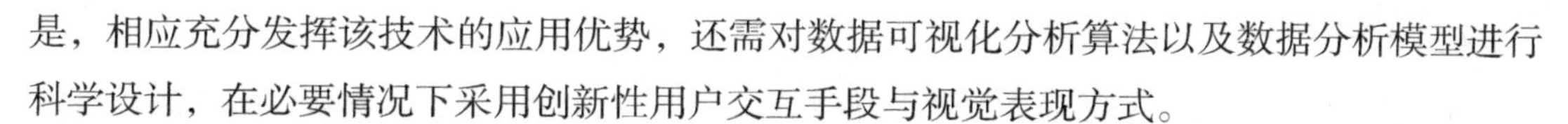

是，相应充分发挥该技术的应用优势，还需对数据可视化分析算法以及数据分析模型进行科学设计，在必要情况下采用创新性用户交互手段与视觉表现方式。

5. 海量异构数据处理

互联网的飞速发展使得海量机构数据的种类越来越多，数据的类型也越来越繁杂，这就需要加快数据处理的速度才能提高数据挖掘的效果。但从现实情况来看，在数据处理的过程中由于技术和理念的落后，经常会降低数据信息的使用价值，因此这就需要借助大数据技术对信息进行有效的处理，通过集成模块和数据库整理，实现数据的深度融合，进而更加有效地利用数据。

在数据处理的过程中，借助必要的探测模块，能够针对数据划分出在线时间、进行时间和离线时间，这样能够进一步提高数据的分析和计算能力，进而最大限度挖掘出数据的价值。

第三节　大数据的用途

大数据的用途非常广泛，可以在许多不同的领域中使用。以下是一些常见的大数据应用。

一、商业智能和市场分析

企业可以使用大数据来了解其客户，市场趋势和竞争情况，以便做出更好的业务决策。以下是几个大数据在商业智能和市场分析中的具体应用：

（一）客户行为分析

企业可以通过收集和分析客户数据，包括购买记录、浏览历史、社交媒体数据等，来了解客户需求和偏好，从而制定有效的营销策略。

（二）市场趋势分析

通过分析大量市场数据，包括竞争情况、行业趋势、消费者偏好等，企业可以了解市场趋势和变化，并及时做出相应的调整。

（三）实时营销

利用实时数据分析技术，企业可以根据客户的实时行为和交互，快速做出反应和决策，例如调整定价、推出促销等。

（四）风险管理

大数据分析可以帮助企业评估潜在的风险，例如市场风险、信用风险等，从而制定相应的风险管理策略。

（五）预测分析

通过大数据分析，企业可以预测市场趋势、需求变化等，从而做出更准确的预测和决策。

综上所述，大数据在商业智能和获取市场分析中发挥着至关重要的作用。通过收集、分析和利用大量数据，企业可以更好地了解市场和客户，制定更有效的营销策略，提高业务效率和盈利能力。

二、医疗保健

大数据可以帮助医生和研究人员识别疾病和获取治疗方法，从而提高医疗保健的效率和质量。

（一）新的医疗保健数据动态

医疗保健行业正在从只查看结构化数据转变为整合非结构化数据，这促使很多组织评估当前的解决方案，并且在许多情况下，使用新技术来替换当前的解决方案。一些基础技术正在被 Hadoop、Map Reduce 和 HIVE 等新系统增强或替代。

通常情况下，在大数据中注入非结构化数据的需求以及新技术的采用，再加上整个行业对更好地了解患者数据的需求，都将推动数据显著增长。

远程医疗技术使用通信技术为远程诊所或家庭环境中的患者提供虚拟护理服务。远程医疗可以扩大医疗服务的范围。其使用案例包括远程监控医院、护理设施（SNF）、住院患者康复设施（IRF）床位；慢性并发症患者群体的家庭健康监控；针对视力问题、皮肤科和其他专业的虚拟访问；以及针对包括肿瘤学、中风、神经学在内的专业的辅助服务。

数字医疗要求医疗专业人员能够立即、直接和自然地访问所有原始格式的数据分析。他们需要采用一些工具，这些工具可以通过整合最新的医学研究，在病床或医生办公室回答特殊问题并根据所有相关数据提供建议。

新的数据定义包括医生笔记、放射科医生报告和医学期刊文章等自由格式文本、电子邮件、CAT 扫描等静态图像、视频、录音讲话、患者历史数据、基因组文件、生物特征和其他来自临床研究和药物开发的科学数据。它还包括来自可穿戴设备、医疗设备、呼吸器、血压监测器和其他连接设备的物联网（IOT）数据。此外，来自 Facebook 和 Twitter 等各种社交媒体渠道的数据也在增加。

除了驻留在单独的独立系统（EMR、PACS、RTHS、EMPI、LIS 和 PMS）中的数据外，所有这些数据也是医疗新数据的一部分。

大数据技术需要收集和管理涉及的大量数据，并从多个可靠的来源再次提供反映最新医学研究的准确答案。大数据和高级分析技术有望解决当今医疗行业面临的一些重大问题。

（二）大数据在医疗保健行业中的作用

大数据和高级分析可以在处理数字医学的同时，改善有关实时医疗系统（RTHS）的患者护理的基本决策。从基于证据的服务向基于价值的转变，到创建有效的以患者为中心的护理，改善临床结果和欺诈检测，以及使用个人和物联网传感器在临床环境外实时持续监测患者，这些都是医疗保健的重要趋势。并且，可以实现对大数据量的实时分析。

Hadoop 数据湖和高级分析软件可以为那些缺乏数据洞察力并且严重依赖其电子健康档案（HER）和数据仓库的组织带来巨大的价值。

企业需要从小处着手并逐步扩展能力，以利用大数据来增强洞察力和决策能力。

三、金融服务

金融机构可以使用大数据来评估风险，预测市场趋势，制定投资策略和控制欺诈行为。

（一）大数据在银行业中的应用

1. 信贷风险评估

在传统方法中，银行对企业客户的违约风险评估多是基于过往的信贷数据和交易数据等静态数据，这种方式的最大弊端就是缺少前瞻性。而大数据手段的介入使信贷风险评估更趋近于事实，信贷风险评估步骤如下。

以客户级大数据为基础，为存量客户建立画像，使银行能够向各管辖机构、各业务条线、各产品条线进行内容全面、形式友好、敏捷的客户级大数据集中供给。

建立专项集中的企业及个人风险名单库，统一“风险客户”等级标准，集中支持各专业条线、各金融产品对高风险客户的过滤工作。

统筹各专业条线、各业务环节对大数据增量信息的需求优先序列，对新客户、高等级客户、高时效业务、高风险业务实现大数据实时采集式更新；对存量一般、普通时效业务，低风险业务实现大数据集中、批量、排序、滚动更新。

2. 供应链金融

利用大数据技术，银行可以根据企业之间的投资、控股、借贷、担保以及股东和法人之间的关系，形成企业之间的关系图谱。利于关联企业分析及风险控制，知识图谱在通过建立数据之间的关联链接，将碎片化的数据有机地组织起来，让数据更加容易被人和机器理解和处理，并为搜索、挖掘、分析等提供便利。

在风控上，银行以核心企业为切入点，将供应链上的多个关键企业作为一个整体。利用交往圈分析模型，持续观察企业间的通信交往数据变化情况，通过与基线数据的对比来洞察异常的交往动态，评估供应链的健康度及为企业贷后风控提供参考依据。

（二）大数据在证券行业中的应用

1. 股市行情预测

大数据可以有效拓宽证券企业量化投资数据维度，帮助企业更精准地了解市场行情。随着大数据广泛应用、数据规模爆发式增长以及数据分析及处理能力显著提升，量化投资将获取更广阔的数据资源，构建更多元的量化因子，使投研模型更加完善。

证券企业应用大数据对海量个人投资者样本进行持续性跟踪监测，对账本投资收益率、持仓率、资金流动情况等一系列指标进行统计、加权汇总，了解个人投资者交易行为的变化、投资信心的状态与发展趋势、对市场的预期以及当前的风险偏好等，对市场行情进行预测。

2. 股价预测

受证券行业自身特点和行业监管要求的限制，证券行业金融业务与产品的设计、营销与销售方式也与其他行业具有鲜明的差异，专业性更强。在诺贝尔经济学奖得主罗伯特·席勒设计的投资模型中主要参考三个变量：投资项目计划的现金流、公司资本的估算成本、股票市场对投资的反应（市场情绪）。但市场本身带有主观判断因素，投资者情绪会影响投资行为，而投资行为直接影响资产价格。在大数据技术诞生之前，市场情绪始终无法进行量化。

大数据技术可以收集并分析社交网络如微博、朋友圈、专业论坛等渠道上的结构化和非结构化数据，了解市场对特定企业的观感，使市场情绪感知成为可能。

3. 智能投顾

智能投顾业务提供线上的投资顾问服务，能够基于客户的风险偏好、交易行为等个性化数据，采用量化模型，为客户提供低门槛、低费率的个性化财富管理方案。智能投顾在客户资料收集分析、投资方案的制订、执行以及后续的维护等步骤上均采用智能系统自动化完成，因此能够为更多的零售客户提供定制化服务。

（三）大数据在保险行业中的应用

1. 骗保识别

赔付直接影响保险企业的利润，对于赔付的管理一直是险企的关注点，而赔付中的“异常值”（即超大额赔付）是推高赔付成本的主要驱动因素之一，为了识别可疑保险欺诈案件，需要展开大量专项调查，但往往需要耗费数月或数年的时间。

借助大数据手段，保险企业可以识别诈骗规律，显著提升骗保识别的准确性与及时性。保险企业可以通过建设保险欺诈识别模型，大规模地识别近年来发生的所有赔付事件。通过筛选从数万条赔付信息中挑出疑似诈骗索赔，再展开调查会提高工作效率。此外，保险企业可以结合内部、第三方和社交媒体数据进行早期异常值检测，包括客户的健康状况、财产状况、理赔记录等，及时采取干预措施，减少先期赔付。

2. 风险定价

保险企业对保费的定义是基于对一个群体的风险判断，对于高风险的群体收取较高的费用，对于低风险群体则降低费用，通过灵活的定价模式可以有效提高客户的黏性，而大数据为这样的风险判断带来了前所未有的创新。比如，通过智能监控装置搜集驾驶者的行车数据，如行车频率、行车速度、急刹车和急加速频率等；通过社交媒体搜集驾驶者的行为数据，如在网上吵架频率、性格情况等。以这些数据为出发点，如果一个人不经常开

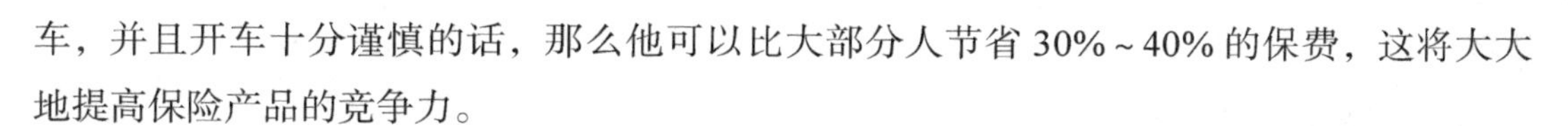

车，并且开车十分谨慎的话，那么他可以比大部分人节省30%~40%的保费，这将大大地提高保险产品的竞争力。

（四）大数据在支付清算行业中的应用

目前，支付服务操作十分便捷，客户已经可以做到随时、随地进行转账操作。面对盗刷和金融诈骗案件频发的现状，支付清算企业识别交易诈骗挑战巨大。

大数据可以利用账户基本信息、交易历史、位置历史、历史行为模式、正在发生行为模式等，结合智能规则引擎进行实时的交易反欺诈分析。整个技术实现流程为实时采集行为日志、实时计算行为特征、实时判断欺诈等级、实时触发风控决策、案件归并形成闭环。

（五）大数据在互联网金融行业中的应用

1. 精准营销

在移动互联网时代，客户在消费需求和消费行为上快速转变。客户的需求更加细化，急需个性化的金融产品，互联网金融企业很难接触消费者去了解客户的需求并推销产品，营销资源极其宝贵。利用大数据平台的模型分析结果，挖掘出潜在客户，实现可持续的营销计划。

2. 黑产防范

互联网金融企业追求服务体验，强调便捷高效，简化手续，而这一特点也易被不法分子利用，虚假注册、利用网络购买的身份信息与银行卡进行套现，“多头借贷”乃至开发计算机程序骗取贷款等已经形成了一条黑色产业链，对于互联网金融行业而言，欺诈风险高于信用风险。

大数据能够帮助企业掌握互联网金融黑产的行为特点、从业人员规模、团伙地域化分布以及专业化工具等情况，如借款手机归属地与真实城市IP不匹配，设备上相邻两次借款（含跨平台）时间间隔极短，用户手机长期处于同一位置未移动过等。通过黑产识别和预警制定针对性的策略，减少损失。

3. 消费信贷

消费信贷和传统企业信贷截然不同，拥有小额、分散、高频、无抵押和利息跨度极大的特点。客户特点是年轻、消费观念超前、无信用记录。

大数据需要贯穿到客户全生命周期的始末，基于大数据的自动评分模型、自动审批系统和催收系统是消费信贷的基础，利用大量行为数据分析弥补信贷数据的缺失。一些趋势上的分析方法如：随着手机号使用年数的增加，客户稳定性增加，违约风险逐步降低；过去12个月内所有类目本地生活消费等级越高，违约风险越低；最近12个月网络游戏消费金额越多，违约风险越高；最近12个月内财经媒体访问天数越多，违约风险越低；等等。

四、政府服务

政府可以使用大数据来提高公共服务的效率和质量，例如城市交通规划，灾害响应等。

（一）提高政务服务效率

随着“互联网 + 政务服务”为公众提供的自助式服务、一站式服务的政务服务模式逐步推广，通过大数据技术处理政务信息，对公众提交的业务请求进行分析，快速、准确、高效地进行业务处理，改善了前期政务信息处理缓慢，政务处理流程繁杂的现状，大大提高了工作效率。例如公众在政务服务网站申请办理户口登记项目变更服务事项，大数据分析系统能自动对公众提交的信息与电子化材料进行资源比对、种类筛查，当信息资源的核查不通过时，会及时反馈结果给公众，提高了网上办理业务的初审效率。

（二）提升政府公共服务水平

政务服务的公众类型多种多样，办理业务的需求各异。通过大数据技术对公众参与政务服务的各种信息进行数据实时分析，由数据的“收集者”转变为“分析者”，挖掘出公众的潜在需求，主动为公众推送与其关联度高、时效性强的个性化信息或服务，从而提升政务服务的能力和质量，获得最大化的用户满意度。例如公众在医院办理出生医学证明后访问“互联网 + 政务服务”网站，系统在推荐栏目会自动推送出生登记入户业务办理提醒，公众可选择全程网上办理或现场预约办理该业务，让公众办事“不用跑，就近跑，只跑一次”。

（三）提供辅助决策支持

传统决策方式采用凭经验和靠直觉进行判断，很容易造成决策失误。现在采用大数据技术对海量政务数据进行信息研判，从中识别抽取出有价值的隐含信息，并利用这些信息为政府各部门重大政策、法规的制定提供决策依据。“让数据说话”使政府的决策更有据可依、更智能、更科学，决策实施过程中出现的问题可实时监测，从而对决策进行调控和完善。例如“互联网 + 政务服务”中某项网上办理业务审核通过率低，通过大数据技术分析得出主要是办理流程不合理、系统设计不科学、审批人员培训不到位等因素导致，就可针对发现的问题有针对性地改进与完善网上办理业务。

（四）优化政务网站

利用大数据技术采集公众浏览政务网站的停留时间、浏览内容、点击行为等要素进行分析，可挖掘公众的使用习惯和信息获取需求，有针对性地发布信息。对网站的总体布局、页面设计、栏目分类以及网站的服务功能进行优化改良，不仅可以提升政务网站的形象，还可以吸引更多的公众访问政务网站，提高政务信息的利用率。例如，某政务服务网站，由于网页数量繁多，其中某些网页出现故障，导致公众无法访问，网页信息利用率实际为零，通过大数据技术挖掘出此类“僵尸”页面并进行处理，就能够确保政府网站正常提供服务。

五、科学研究

大数据可以帮助科学家分析实验数据，发现新的关系和趋势，从而推动科学进步。

（一）信息获取量巨大，社会科学研究领域更加广泛

在传统的社会科学领域中，数据收集主要依靠调查与采访。但是，深受收集方法操作性与成本的制约，数量上十分有限。在计算机以及信息技术的应用下，社会科学研究获取的数据量大幅提升，适应于社会科学研究的专业数据库得以成立。大数据代表社会信息的集合，社科研究者、管理者以及生产者之间交织性更强。社科研究以社会为对象，社会动向是其研究工作的方向。大数据影响力扩展到社会生活方方面面，创造巨大价值，而这些价值逐渐转化为自身基础信息，拓展了社会科学的广阔视域。具体讲，依托网络化方式进行数据采集，高速性较强；同时，大数据环境下的信息采集更具真实性，以自然状态下的社会实践为目标，客观性与精准性较强。另外，大数据增强社会科学研究的快捷性。立足云计算，云端操作承载海量信息，促使研究者结合需求进行信息的获取，在洞察中发现研究课题。

（二）提升社会科学研究问题挖掘深度与速度

对于大数据而言，其以价值追求为核心，以数据为基础，实现问题挖掘作用。在大数据支持下，社会科学研究的过程发生变化。具体讲，应用大数据之后，研究者的研究范畴实现扩展，对其提前设定的研究框架实现了颠覆。大数据信息规模的庞大突破传统抽样方法获取的信息体量，降低了因个人经验限制而出现的偏差。为此，大数据获取的信息更具全面性，能够为研究对象提供更加客观与有效的数据，为问题的发现与解决提供数据参照。结合当前发展实际，社会科学界发挥数据库与互联网作用，重视信息共享，更显社会科学研究与互联网大数据应用的统一性。针对社会科学研究问题，其提炼与深挖离不开大数据挖掘技术，强化知识的提炼与创新，探寻数据中的潜在关系与规则。从研究方法角度分析，大数据的价值主要体现在对社会问题较强的前瞻性与预测性，强化对既有时间序列分析方法效能的超越。从本质上讲，大数据的关注点不再定位在精确性方面，重点是在全面性信息中发现趋势，预测走势。大数据促使社会科学的研究方法发生范式转变，但是，其在选题、框架、设计、分析等方面仍需不断健全与完善，需要与计算机领域研究者进行共同努力，实现本质上的创新。

六、物联网

物联网设备可以生成大量的传感器数据，大数据技术可以帮助分析和优化这些数据以提高智能家居、智能城市和其他物联网应用的效率。

（一）物联网产业的大数据价值

虽然中国大数据市场还处在初级阶段，但增速非常迅猛，应用也极其广泛，不管是云计算、物联网、智慧城市还是移动互联都要与大数据关联。未来是数据为王的时代，大数

据应用将会越来越广泛地落地在各个领域。

按照物联网的网络架构，目前应包含“感知层”“网络层”“应用层”。物联网的感知层主要实现智能感知功能，包括信息采集、捕获、物体识别等，感知层产生大量的数据，例如：Facebook 每天评论 32 亿条、新上传照片近 3 亿张，每周新增数据容量超过 60TB；作为数据存储巨头，EMC 的大数据理念是，首先从“大”入手，“大”肯定是指大型数据集，一般在 10TB 规模左右。很多用户把多个数据集放在一起，形成 PB 级的数据量。同时从数据源来谈，大数据是指这些数据来自多种数据源，以实时、迭代的方式来实现。

物联网的网络层主要实现信息的传送和通信；物联网的应用层主要包含各类应用，例如监控服务、智能电网、工业监控、绿色农业、智能家居、环境监控、公共安全等。基于感知层的这些数据进行再加工，将感知层产生的海量数据通过智能化的处理、分析，挖掘用户的行为习惯和喜好，从凌乱分散的数据背后找到更符合用户兴趣和习惯的产品和服务，并对其进行针对性的调整和优化，从而提供满足不同用户需求的商业应用，而这些应用正是物联网产业最核心的商业价值所在。简而言之，就是物联网产生大数据，大数据推动物联网。从这个意义上讲，物联网产业的核心就是，广泛运用大数据分析手段进行智能管理和优化运营。

从商业及产业发展的角度来看，物联网背后的大数据可以提供从商业支撑到商业决策的各种行业信息，具备了商业应用实质，可以加快物联网产业、商业应用的进程。

（二）大数据在物联网产业中的应用

目前，物联网产业主要分为 3 个部分：数据采集、数据存储及数据分析。物联网产业中的这 3 个层面各自扮演着不同的角色，其中数据采集与数据传递是大数据在物联网产业中应用的基础，而数据分析是大数据在物联网产业中应用的核心内容。

1. 数据采集

数据采集在物联网中始终扮演着重要的角色，也可以说，数据采集是大数据在物联网产业中应用的基础，只有做好数据采集才能够对数据进行分析、处理。海量数据是智能决策的基础。物联网的大数据采集主要包括获取、选择及存储等过程。

随着科学技术的发展与进步，物联网产业中数据采集技术也在不断地发展和创新，目前大数据获取主要包括传感器、Web2.0、条形码、RFID 以及移动智能终端等技术。传感器技术主要是获取物理数据，Web2.0 是网络互动数据，条形码与 RFID 是物品基本信息，移动智能终端则是物理数据、社交数据、地理位置信息等综合性数据。例如：中国移动推进移动支付物联网产业时，利用 RFID–SIM 卡替代普通 SIM 卡，实现物品交易数据的获取与结算。

数据采集工具的发展与创新使物联网产业工作者所获取的数据信息类型也呈现出多种多样的特点，如若对数据采集的类型分析，我们能够发现所收集的数据信息不仅包含物理数据信息，而且一些产品还涉及地理位置的信息，可见信息涉及的范围是十分广泛的。

数据的采集并非看似那么简单，通常情况下，数据的采集还涉及数据去噪处理以及信息的提取过程。与一般的大数据相比，物联网的数据是异构的、多样性的、非结构和有噪声的，更大的不同是它的高增长率。出于信息运输以及处理的方便，往往会在初级阶段对所采集的数据进行相应的去噪处理，物联网的数具有明显的颗粒性，其数据通常带有时间、位置、环境和行为等信息。如何去噪提取有效信息是智能处理的关键。HP 公司基于香农信息论及贝叶斯概率论提出了 Autonomy 非结构化数据解决方案，实现音频、图片、电子邮件等异构数据的智能化信息理解。另外，物联网产业在运行过程中必然带有一些负荷，为了降低运行过程中的负荷，还需要对所采集的数据进行提取。

2. 数据存储

随着"互联网 +"时代的进程加速，信息化建设突飞猛进，数据信息量快速增长的大数据时代，处理大数据的真谛就是利用存储在海量数据中淘金的过程。物联网每天所涉及的数据量也在不断增加，为了高效、及时地处理物联网所涉及的这些数据，就必须对数据进行存储。

对物联网背后的大数据进行分析和分类汇总，通常采用分布式计算集群来实现。对于传统的数据存储及实时分析，关系数据库基本上能满足应用需求，如 EMC 的 Green Plum、Oracle 的 Exadata，以及基于 My SQL 的列式存储 Infobright 等。但是，对于物联网产生的海量异构数据，以谷歌为代表的 IT 企业提出了利用大规模廉价服务器以达到并行处理的非关系数据库解决方案，即 Map Reduce 技术。随着经济的发展，物联网产业中数据的存储技术也在不断提高，当前最受欢迎的数据存储技术当属非关系数据库的分布式存储技术，其推动了物联网产业的发展。继而物联网产业中又相继出现了云存储、分布式文件系统等大数据基础架构，以及基于云计算的分布式数据处理方式。目前，IBM、微软、谷歌、阿里巴巴、腾讯等企业，都在推出各自基于分布式计算的云存储，解决非结构化数据的数据关联及基于此的数据分析及数据挖掘等问题。

针对大数据的容量需求，利用针对结构化数据的虚拟存储平台是大数据处理的一个很好方案。针对结构化数据的存取动态分层技术，根据数据被调用的频率，自动将常用的数据搬到最高层，提高效率。

3. 数据分析

统计与分析主要利用分布式数据库，或者分布式计算集群来对存储于其内的海量数据进行普通的分析和分类汇总等，以满足大多数常见的分析需求。物联网后台海量数据的统计分析、数据挖掘、模型预测、结果呈现等都属于数据分析。

物联网真正的商业价值基础在于数据分析，主要是在现有数据上面进行基于各种算法的计算，从而起到预测的效果，实现一些高级别数据分析的需求。比较典型算法有用于聚类的 Kmeans、用于统计学习的 SVM 和用于分类的 Naive Bayes，一些实时性需求会用到 EMC 的 GreenPlum、Oracle 的 Exadata 以及基 MySQL 的列式存储 Infobright 等，而一些批处理，或者基于半结构化数据的需求可以使用 Hadoop。统计与分析这部分的主要特点和挑战是涉及的数据量大，其对系统资源，特别是 I/O 会有极大的占用。例如：在市场营销领域，Google 通过免费软件及服务来更精确的理解用户行为和习惯，通过对用户的更精确理解来提供精确广告服务。

第四节　大数据主要分析与分析工具

一、大数据分析的定义和方法

（一）大数据分析的定义

不同的组织分别从大数据和数据分析的角度出发给出大数据分析的定义，IBM 定义大数据分析师为“针对大量不同的数据集使用先进的分析技术进行的分析，其中这些数据集来源不同、种类不同，体量从 TB 到 ZB 不等”。SAS 定义大数据分析为“检查巨大的、分散的数据集，以识别其模式、趋势、相关性及其他信息，这些信息可使具有洞察力的组织进行更好的决策”。

大数据分析的本质是当数据的性质、大小和形态发生变化，以至于传统的分析工具使用困难，甚至无法完成时形成的一种科学有效的解决手段。因此，大数据分析带来了思想上的三个主要变化：首先，数据分析不再基于采样样本，而是要分析的所有相关数据；其次，接受数据的多样性和不确定性，而不是追求统一标准的数据集；最后，它不再仅限于因果关系的追求，进一步专注于数据之间的相关关系。因此，大数据分析是思维方式的变化，体现了整体胜于局部，多样性优于单一，因果到相关的转变。大数据分析的基础是洞察数据，其次结合领域知识以应用程序创建分析模型，借助于辅助工具（例如操纵和分析它们的平台、工具和算法）来验证分析模型，最后获取到分析结果。大数据分析的目标来自应用的实际需求，结合适用于应用的算法，利用高效处理平台的有效支持来挖掘能量化、合理、可行、有价值的信息。没有一种算法或模式可以兼顾所有的应用场景，也没有一种技术可以涵盖大数据分析。因此，大数据分析取决于各种技术的帮助，以对数据实现价值最大化。其中大数据分析的方法大致有以下五个基本方面。

第一，数据质量和数据管理。有效的大数据分析结果取决于高质量的数据和数据管理。大数据分析结果的基础一定要来自科学研究和实践中高质量和有效管理的数据。

第二，数据挖掘。大数据分析的核心是数据挖掘。大数据分析常借助于数据挖掘的方法论，并结合数据挖掘和机器学习算法来深入探究数据内部，这些数据挖掘的算法给大数据处理以更快速地解决办法，挖掘出公认的有利信息。

第三，预测性分析能力。从大量原始数据中发掘隐含的模式信息、找出不易见的关联关系，并在此基础上建立预测模型，新的数据作为输入时预测未来的发展方向。

第四，分布式执行引擎。由于数据量和种类的不断增加，它已成为开展业务的关键技术。基于分布式平台来托管数据，并且能够通过商用硬件集群来部署、运行数据计算应用软件，可以快速处理大数据并实现价值获取。

第五，可视化分析。可视化分析是大数据分析技术兼顾专业人员和普通用户的最基本需求，借助它能够使用户探索数据背后存在的复杂联系。以上就是大数据分析技术基础的关键组成部分。

（二）大数据分析方法

越来越多的社会经济和技术研究领域涉及大数据应用，因此大数据分析方法显得尤为关键，可以被视为有价值的信息能否被成功获得的重要因素。目前，尚没有明确的方法为大数据分析提供科学指导和工程技术实施标准，因而广泛依赖于数据挖掘过程模型实施。不同的组织提出了不同的数据挖掘方法，其中通用的数据挖掘方法论有两类，分为学术模型和工业模型。

学术模型的代表是1996年提出的Fayyad模型，工业模型的代表是欧盟1999年提出的CRISP-DM模型。其中，Fayyad过程模型是一个偏技术的模型，该模型从数据入手到知识结束整个过程可以集合大量经典的数据挖掘算法，便于技术实现且与工具进行整合。CRISP-DM模型是一个综合考虑数据挖掘技术与应用的模型，着重于数据挖掘模型的质量以及决策结果实施等实际应用中用户最关心的问题，是一个从理解业务需求到得到最终结果的完整过程。

Fayyad过程模型主要包含以下步骤。

①数据清洗：处理数据噪声，以及归约错误和不一致的数据。

②数据集成：把多元异构的数据源集成统一规范的数据源。

③数据选择：从数据库中选择出与进行分析使用的基础数据。

④数据变换：经历一系列数据描述操作使其满足数据挖掘的形式。

⑤数据挖掘：通过智能化方法挖掘数据中隐藏的模式。

⑥模式评价：根据某种度量指标，识别出分析目标模式所表达的知识。

CRISP-DM模型分为以下六个阶段：

①业务理解：理解目标业务，明确数据挖掘任务的根本目的。

②数据理解：结合业务理解，对数据进行基本观察，假设其中的隐含信息。

③数据准备：对数据进行观察的基础上，从原始数据中构造建模输入数据集。

④建模：模型建立的过程中，选择和探索多种建模技术，并进行参数优化校正。针对不同技术对数据形式的具体要求，可选择性地修改数据准备阶段。

⑤评估：核查建立模型的步骤，保证模型与业务目标的吻合程度。

⑥实施：对模型进行部署、监测以及对分析结果提供维护。

在大数据分析的实际应用中参照数据挖掘方法论是一种可行的办法，但无论在CRISP-DM过程模型，还是Fayyad的过程模型都存在局限性。首先，二者均为基于数据仓库的数据挖掘，无法支持异构的、分布的数据源，对海量数据分析实现高效的处理缺乏指导；其次，大数据分析过程中存在领域业务与技术支持难以有机结合的问题，它们仅提供了一套大数据分析方法，缺乏对大数据分析建模与领域应用结合及实施的方法指导。

（三）大数据分析面临的问题

事实上，随着大数据在各领域的广泛应用，大数据已经在多个领域应用并对科学研究进行指导，现阶段大数据分析技术与方法研究主要集中于互联网大数据与商业大数据，它们在经受密切关注的同时迅速得以发展。主要原因是：首先，现阶段大部分的数据通过互联网、商业活动与交易产生，并且联系紧密，促进了大数据工具被开发并广泛使用；其次，许多组织通过大数据分析挖掘数据隐藏的模式、关联和其他见解，有利于组织识别新的发展机会，得到更明智的企业决策。

随着科学研究进入数据密集型科学的新范式，大数据分析在经历了以被动式为主的经验驱动和以主动式为主的假设驱动后，发展到了基于大数据的数据密集型科学发现阶段，大数据分析的研究从商业互联网大数据发展到领域大数据，领域大数据与商业互联网大数据有显著区别。领域大数据由与科学研究和工程实践相关的大数据组成，它是科学发现和知识创新的新引擎，并具有以下特点。

①从数据获取手段来讲，通常由科学研究和工程实践中观测、实验记录以及后续加工数据组成。

②从数据分析手段来讲，一般需要借助科学原理模型形成知识发现的方法，完全依赖数据分析抛开科学原理与领域模型很难实现。

③从分析过程建立来讲，不仅是一个数据处理与分析的问题，还是一个领域模型机理与数据共同建模计算的问题，因而数据分析流程的建立者逐渐从开发人员转换为产业领域人员。

面对越发复杂的领域应用场景，目前大数据分析还面临以下几方面问题。

①应用领域复杂性。大数据分析问题的应用领域是不可忽视的，领域大数据分析除数据体量增大带来的分析效率要求提高外，更重要的是大数据分析对领域知识和复杂原理模型的依赖性，大数据分析需结合科学原理模型和领域方法指导。

②分析任务的复用性。在同一领域特定的业务场景下同类问题反复出现时，模型很难复用和共享。大数据分析建模过程中结合领域知识建立的分析流程、反复迭代试错得到的模型在实际中却很难被重用，在业务不相关的重复性工作耗费时间，拖延分析效率，致使大数据分析的开发周期延长，资源损耗多以及价值获取滞后。

③流程执行高效性。数据规模增大伴随着数据处理流程复杂度的上升，传统数据分析中数据存储位置到数据挖掘工具的数据迁移导致数据分析执行的效率下降，传统的数据处理能力不能满足大数据价值获取的时效性要求，无法对数据源种类繁多海量数据实现高效处理。

④数据分析的易用性。分布式处理平台以及计算框架解决了有效存储与高效处理的问

题，但仅提供计算框架与分析类库，使用门槛高、集成困难且交互性支持不够。使用过程中都涉及大量的技术细节，且分析算法与特定的应用平台过于耦合，已无法满足日益复杂的领域大数据分析需求。随着大数据分析技术成为当今许多领域进行价值获取的主流方法，如何在兼顾领域复杂性、数据分析易用性和执行高效性的前提下，保证多学科领域背景下的数据挖掘与知识发现，成为促进大数据分析与领域应用结合的发展方向。

二、大数据分析的相关技术

（一）可视化流程建模技术

可视化流程建模技术是基于计算机图形和图像处理技术，以分析目标业务问题，将解决方案过程和程序转换为图形或图像，并执行交互式处理方法和技术。可视化流程建模提升了对需求和业务的理解，并且对问题求解过程有更清晰的理解，依靠于图形直观地进行信息交互，有效地提升了人们的工作效率。可视化流程建模的发展过程可以划分为面向过程和面向对象两个阶段，面向过程的可视化建模技术以 VPML 为代表，用于定义和描述过程，建立数据模型、行为模型、过程模型和约束模型来具现化活动、产品、环境和连接，实现以行为为主的建模。而面向对象的可视化建模技术如 UML、有向图、Petri 网等，从不同视角为对象建模形成可视化视图，对对象的属性进行了较为全面的定义和描述。目前，大数据分析主要限于具有专业知识的研究人员。实现大数据分析和处理过程的一种更直观和方便的方法是实现大数据分析的可视化。对大数据分析可视化的研究主要针对数据以及分析结果的可视化，而对大数据分析过程与用户的可视化交互研究很少。大数据分析流程设计用可视化方式呈现出来，是保证大数据分析技术兼顾专家和普通用户群体最基本的需求，从而以一种直观、简洁的方式辅助分析人员进行知识萃取和决策分析。用户以直观化的方式对大数据分析流程进行设计和呈现，使大数据分析流程不仅越发符合人们的研究习惯，更促进从业人员参与其中。

因此，大数据分析可视化流程建模具有如下特点。

1. 开放性

可以面向不同的大数据分析开发环境，采用开放式的设计，提供丰富的分析界面与底层数据分析执行引擎的映射接口。

2. 通用性

可以满足各种大数据分析应用程序环境以及不同用户的需求。

3. 灵活性

可以提供灵活的控制机制，例如，多个数据源的连接设置，数据采集和过滤，交互式菜单以及自定义参数设置。

4. 可扩展性

可以对分析功能实现自定义，其他的可视化分析方法模块也能以插件的形式加以扩展。

5. 界面友好性

简易可视化设计界面，提供契合用户使用的操作方式。

（二）Hadoop 分布式分析框架

大数据场景下数据分析和挖掘一般依赖分布式系统，Hadoop 是一个开放源码的分布式系统基础设施。经历多年的发展之后，Hadoop 生态系统已经逐步改善，现在似乎已经成为开源大数据处理的事实上的标准。两个核心的组件支撑起 Hadoop，一个是分布式文件系统 HDFS，另一个是 MapReduce，一个可以执行并进行计算的框架。基于此，Hadoop 实现了计算任务向数据的移动，支持并执行计算任务。

HDFS 是 Hadoop 分布式文件系统，旨在通过大量廉价硬件实现数据存储。作为 GFS 的开源实现，HDFS 提供了对应用程序数据的高吞吐量，高容错性的访问，并且适用于具有大数据集的应用程序。HDFS 利用数据块分配算法将存储的数据平均分配到群集中每个服务器的多个数据副本，因此与单个硬盘或单个服务器相比，HDFS 的数据存储性能有了飞跃的提高，提供了较高的数据存储容量和数据吞吐量。

MapReduce 被设计为用于并行处理的大规模分布批式处理计算框架。它为大规模并行数据计算和分析提供了关键技术支持，并通过分治的思想简化了大规模数据集的并行计算过程。与传统的分析和计算相比，MapReduce 可以轻松分析和处理各种结构数据，并可以在时间和成本控制的基础上处理海量数据。

Hadoop 除了核心的 HDFS 和 MapReduce 组件外，还包括适用于不同场景的系统，例如 Zookeeper，HBase，Hive，Pig，Mahout，Sqoop，Oozie 等。他们共同构建了一个相对完整的分布式软件生态系统来处理海量数据。

Hive：Hive 是架构在 Hadoop 上的数据仓库，它定义 HSQL 来执行 ETL 操作。用户提交的数据操作 SQL 最终被解析为多个 MapReduce 任务以供执行。

Mahout：Mahout 作为分布式机器学习算法库，提供了基于 MapReduce 编程框架的经典机器学习算法的实现，并有助于开发智能应用程序。

Sqoop：Sqoop 是一种工具，可满足 HDFS 和关系数据库之间的数据传输，并实现基于 Hadoop 的批式处理数据迁移工具。

Oozie：Oozie 是一款专门为 Hadoop 开发的可扩展的，基于 Java 语言开发的多租户、安全大数据工作流引擎，管理和协调作业在 Hadoop 平台上的运行。

三、大数据分析流程建模

（一）大数据分析流程模型

大数据分析是针对特定领域应用场景，以对数据实现价值最大化为目标进行的一系列分析过程，获取其隐含的模式、趋势、相关性等有价值的决策信息。但与此同时，大数据分析逐渐显现出一个知识两极化的情形，数据分析师对领域业务过程缺少深入了解，而领域人员对数据分析的了解相对缺乏。传统的通用大数据分析方法论仅提供一套数据挖掘应用方法，在实际应用中，缺乏对于本质的领域业务表示同数据处理过程集成的方法指导。因此，大数据分析规划需要采用领域业务导向与数据驱动共同完成，即在大数据分析方法论中的确定数据分析目标、数据理解与准备、建模到最终应用等环节中，从关键业务目标分解出发设计分析逻辑，归约分析过程不游离到问题的目标和需求之外，并综合业务价值、数据与执行条件的完备度，将其转为一个可解的数据分析过程。

1. 大数据分析流程模型定义

大数据分析是以对数据实现价值最大化为目标的一个逐步精化的递进过程，针对该过程的流程化描述就是大数据分析流程，大数据分析流程设计既要有效利用领域知识又考虑具体执行环境。因此，对大数据分析流程模型给出定义：

定义：一个完整的大数据分析流程模型是实现大数据分析中分析业务过程共性与数据处理过程特性的抽象描述。其整体表示为面向领域和面向平台的双层模型 M={MDS，MPS，map}，其中：

MDS 表示面向领域大数据分析流程模型，从领域业务角度进行定义，屏蔽平台相关的编程与底层维护细节。MDS 本质上为一个逻辑模型，它是大数据分析业务流程的抽象，从领域知识融合、复用的角度出发，与实现方式、运行平台等无关，在问题的定义阶段专注于业务分析逻辑设计。

MPS 表示面向平台的大数据分析流程模型，从计算和执行的角度来定义，与执行平台中的算法以及数据资源相结合。MPS 本质上为一个物理模型，它是大数据分析可执行流程的抽象，从数据处理执行环境与步骤出发，既能够进行整体流程输入数据、输出数据的明确定义，又支持中间数据的管理。

map 实现面向领域大数据分析流程模型到面向平台的大数据分析流程模型的映射，面向领域大数据分析流程模型转化为面向平台的大数据分析流程模型后才能执行。通过该模型将大数据分析中业务分析过程从整体问题求解过程中剥离出来，以此简化大数据开发人员的开发工作，减少与业务无关的代码编写和资源调配上的耗时，将时间和精力集中于分析建立的过程上，降低大数据分析实施的复杂性。

2. 领域业务驱动的大数据分析流程处理框架

基于面向领域和面向平台的大数据分析流程双层模型，大数据分析可采用自上而下目标分解的方式实现，根据业务问题的交互与组合关系的分析建立面向领域的大数据分析业务流程，根据模型转换规则和算法转换为面向平台的大数据分析执行流程实例。因此，整体可划分为用户层、处理层和执行层，分别对应大数据分析流程的构建阶段、映射阶段和运行阶段。

在大数据分析流程的构建阶段，大数据分析流程以分析模块为最小可复用单元，用户层的分析流程编辑器提供可靠的服务列项，使分析模块以图形的形式呈现给用户，并定义了一套可视化流程描述的语法、语义以及图形关系。方便用户基于分析模块可视化的创建和编辑面向领域的大数据分析业务流程，并实现对流程中各个节点参数的可视化设置。

在大数据分析流程的映射阶段，通过基于分析模块及模型驱动的模型转换算法实现流程模型之间的转换，将面向领域的大数据分析业务流程模型转换为面向平台的大数据分析流程模型，即使用模型转换算法，并根据用户层分析模块和处理层的算法以及分析模型实体的一致性对应关系，将大数据分析流程从业务描述转换为数据处理过程。

在大数据分析流程的运行阶段，根据各节点对应的分析模块实体以及输入 / 输出模式信息和参数信息，将面向平台的大数据分析流程模型实例化为符合执行平台规范的流程实例。至此，就实现了用户定义的面向领域的大数据分析业务流程到完成面向平台的可执行流程转化，可以结合执行层的计算资源、存储资源和算法资源进行执行。根据上述框架，向用户屏蔽开发语言与运行平台，提供统一的管理接口把算法和训练好的模型集成到分析模块库中，并在分析流程编辑器呈现为服务列项。在进行大数据分析流程开发时，用户只需要直接使用分析流程编辑器中服务列项提供的功能进行大数据分析业务流程设计，减少在与业务无关的系统资源调配和语言学习上面的精力和时间消耗，可以有效地提升大数据分析开发人员的开发效率。并依靠转换引擎将大数据分析业务流程转换为大数据分析可执行流程，再生成流程实例提交到流程执行引擎，结合大数据处理平台部署运行流程实例，充分利用资源，使大数据分析设计与运行相互独立、互不影响，改善大数据分析复杂性对大数据分析技术在各行各业普及的限制，为面向领域的大数据分析应用的便捷开发和高效执行提供方法支撑。

（二）大数据分析流程描述

依据面向领域和平台的大数据分析模型，定义完整大数据分析过程中的子任务为分析模块，即将大数据分析流程建模过程中典型数据处理算法、模型开发或封装成可复用的组件，作为大数据分析流程建模的最小单元。不同类型的分析模块有不同的参数配置和触发方式，需要相应的实现不同的接口。因此，需对不同类型分析模块进行统一元数据描述，以方便用户对分析模块进行使用和自定义扩展。当有集成新的类型的分析模块或对某一类型进行扩展的需求时，根据元数据添加对应的分析模块模板即可，然后解释执行时按照需要的方式调用。

定义：分析模块模型元数据应该由信息、数据、实体、参数集以及使用域等元素共同组成。因此，分析模块模型元数据表示为 $N=\{I, E, C, P, D\}$，其中：

I 为信息，分析模块的基本信息，既有一般意义的基本信息，同时还有实体、约束、参数集和使用域等描述信息，是分析模块被识别和管理的基础。

E 为实体，分析模块进行数据分析处理的主体部分。

C 为约束，分析模块参数设置规范和输入 / 输出设置规则等信息。

P 为参数集，分析模块参数和输入 / 输出配置集合，是分析模块被使用的基础。

D 为使用域，分析模块解释和调度执行的标识，是分析模块被使用条件。

在 MDS 层面来说，也就是从流程设计者视角来看，分析模块包含功能描述和配置接口规范；在 MPS 层面来说，也就是从流程执行视角来看，包含可执行代码以及可调用的接口。从分析模块开发人员角度来说，既要设计分析模块的描述及配置接口，同时还要编写可执行代码以及调用接口。基于此对分析模块模型元数据结构进行细化，实现大数据分析中领域业务共性和数据处理特性的抽象描述和实现，以此支持粗粒度的分析任务复用。因此，对分析模块元数据定义和描述如下。

分析模块 ID：分析模块的唯一性标记。

分析模块名 Name：分析模块的名称，是分析模块对外表现的主要特征之一。

分析模块描述 Description：分析模块的描述，包括分析模块功能、参数设置和输入/输出规则等信息介绍。

分析模块类型 Category：分析模块的功能分类信息，用于分析模块的分类管理和使用。

分析模块并行特征 Parallel：表示分析模块是否可并行。

分析模块输入 Input：分析模块执行任务时的输入数据路径设置。

分析模块输出 Output：分析模块执行任务成功后输出的结果路径设置。

分析模块实体路径 Path：分析模块实体可执行代码的 Jar 包所处的位置。

分析模块参数 Parameter：包括属性和属性值两个子属性，用户可以在此定义数据处理算法，可配置参数，即可以由用户指定某一属性和属性值在分析模块任务执行时使用。

分析模块执行引擎类型 Type：分析模块的依赖执行引擎的类型，用以分析模块的解释和执行使用。

分析模块执行引擎配置参数 Configuration：包括两个子属性即属性和属性值，执行引擎不同导致其属性不同，故可通过执行引擎配置参数指定不同类型的参数配置。

依据分析模块功能，分析模块分为资源模块（进行数据源和中间数据管理）与计算模块（进行数据转换、提取、分析等）。依据执行角度，为了满足复杂的分析需求，分析模块的实现可以使用不同语言或者调用不同的工具包，分析模块也分为不同的类型。如普通的 Java 模块、Map Reduce 模块、Hive 模块、Sqoop 模块等。

第四章

计算机大数据分析概况

第一节　计算机技术现状分析

大数据通常指的是种类多、结构复杂、数量庞大的数据共同组成的集合，能够基于相应模式应用和处理各种数据，借助数据的复用、交叉、共享、集成产生一系列智慧服务、知识资源等。大数据脱离了原有的数据结构化范畴，原有的结构化数据能够在数据库系统中浏览和查阅，而大数据中的日志文件、传感器信息、图像信息、视频信息、数字信息为半结构化，部分大数据的字段甚至无法进行检索。作为一种全新的数据形式，大数据具有多个不同的数据源，有必要采用全新的计算方法与计算技术开展针对性的分析工作。与此同时，在原有的结构化数据中，数据源产生的所有数据都以规定格式出现，而在半结构化大数据中，数据源的格式较为特殊，但其逻辑具有可理解性，这使得大数据不同部分能够构建一定的联系。

一、计算机发展历程

（一）电子管时代

计算机发展的第一个时代是从 1940—1950 年。此时的计算机必须使用电子管才能运行，而且往往要使用数千根电子管。

（二）晶体管时代

20 世纪 60 年代初期，各国开始鼓励人们发展计算机技术，此时电子管已经不能满足人们的需要，所以电子管时代被晶体管时代所取代。晶体管与电子管相比，不仅在响应速度和寿命方面具有诸多优势，而且在机箱中展示了许多高性能的计算机系统，为计算机操作提供了额外的舒适感。与此同时，计算机科学领域也逐渐得到完善。

（三）集成电路时代

到 20 世纪 60 年代后期，人类在计算机科学领域的研究获得了更好的发展势头，集成电路的出现和应用开启了计算机的新时代。集成电路显著减小了计算机的尺寸并使其更易于使用，但完全的集成电路中仍有许多晶体管。虽然集成计算机的开发成本很高，但它给计算机技术带来了重大突破。

（四）大规模集成电路时代

随着集成计算机系统的发展，计算机技术也一直朝着正确的方向发展。但是，如果没有研究人员的不断努力，普通的笔记本电脑就无法满足人类的需求、跟上时代的脚步。于是在人类需求和相关人员的努力研究下，出现了新一代的集成计算机。也可以说，人类的需要促进了计算机技术的进一步发展，而计算机技术的发展也促进了人类生活的发展。

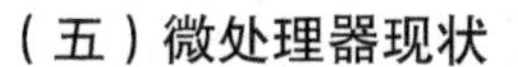

（五）微处理器现状

微处理器的发展极大地提高了计算机的性能，这可以从芯片处理器中晶体管线的尺寸和宽度的减小中得到证明。减小微处理器中晶体管线尺寸和宽度的主要方法是改进光刻技术，例如，使用波长更短的光源和通过掩模曝光使晶体管更小，便于晶体管的连接。目前使用的曝光光源主要是 UV（紫外线）。有研究人员认为，目前使用的紫外光源，如果没有动力，将会进一步削弱微处理器的性能，因为如果线宽在 0.10m 以下，就会出现芯片收缩的现象，并且会低于一定的特殊限制。第一，线宽，其中宽度损失约小于或等于太阳光的长度；第二，电机芯的采集；第三，降低高度效果。这些长宽高的损失是微处理器发展的新障碍。

（六）纳米电子技术

现有的电子元器件对计算机技术的发展都起到了积极的作用，但随着计算机技术的发展和进步，现有电气设备的局限性已经不能满足计算机技术智能化和速度的要求，系统升级也仅限于集成和处理速度。而纳米电子技术将很好地解决这个问题，并且能同时解决单元目标和两个处理器的速度问题。纳米电子技术不仅是一种新的思维方式，还将是未来改进计算机技术的好方法。

（七）分组交换技术

分组交换技术是将实际的数据信息切割成等长的几条，每条就成为一段数据，每个通知中最先出现的符号称为“公司”；根功能标记数据传输结束并显示最后一个地址，可以看到电子邮件地址后面的代码。电池数据的传输模式不需要创建提高使用率的链路，借助分组交换技术，其网络集成度和性能得到了极大的提升，可以成功地检索到数据并及时将命令发送到其他计算机上，在线访问信息并通过邮政服务存储该信息；最后，通过节点发布信息。切换节点通常有两个中心位置，一个用于向投资者低速发送信号，另一个用于向计算机高速发送信号。在向主节点传输信号的过程中，某些情况下不仅可以提高传输速度，还可以保证信息的安全性。当主机确认信号传输端点后，选择合适的端口发送信息，以最大限度地利用通信线路的资源。

二、我国计算机技术发展的影响因素

（一）科学技术因素

科学技术的进步对我国计算机技术的发展起到了重要作用。尤其是人工智能技术的出现，提高了计算机技术的整体水平。近年来，我国在人工智能领域的独创性不断提高，机器人、编辑技术、图像识别、语音识别等技术的进步对我国计算机技术的发展起到了帮助作用。基于量子力学的发展，我国将计算机技术与量子技术相结合，为纳米计算机的出现奠定了基础。此外，我国的 VR 技术也进入了新的发展时代，为计算机技术的发展提供了巨大机遇，但也给计算机技术的发展带来了高要求和重大挑战。另外，DNA 技术的开发是计算机技术开发计划的基础。计算机 DNA 基于 DNA 技术的发展，研究并利用计算机技术治疗各种疾病，如心脏病、癌症、动脉硬化等。最后，我国纳米技术的发展也促进了纳米计算机的研究，为了更好地应用纳米技术，科学家们正在将计算机技术与纳米技术相结合，加速纳米计算机的研究。

（二）社会因素

社会因素对我国计算机技术的发展也很重要，其中国家安全和军事情报的需要对计算机技术的发展做出了重大贡献。在信息化时代，我国面临的安全威胁不仅是行政威胁，还有信息威胁。因此，信息保密和计算机病毒防范成为国家安全研究的重点。信息加密和计算机病毒防护需要计算机技术，国家安全的要求正在推动计算机技术更上一层楼。随着计算机技术的出现，人类对健康的需求也日益增长。在这个信息技术的时代，汽车、洗衣机、极薄的电信设备、电视等科技成果的出现给人们带来了舒适，满足了人们的需要，从而使人们越来越多地寻找高科技工具。高科技设备的发展需要相应的计算机技术，随着计算机技术的发展，对先进技术的需求也呈指数增长。

（三）其他因素

中国计算机技术的发展还受到市场营销等其他因素的影响。特别是新的科技研究为我国计算机技术的发展提供了理论支撑，而国外先进科技的引进为我国现代计算机技术的发展提供了帮助。计算机技术不仅将技术和知识融入其进化过程，而且为技术变革提供了技术支撑。

三、我国计算机技术的发展现状

（一）高端综合性

我国信息化水平具有高水平的特征，计算机技术的使用可以认为是一种高端的信息技术，是侧重点不同的信息技术，例如，生产技术、业务发展、电子游戏技术、教育培训、记忆技术等，这些技术是最先进的计算机技术。同时，一些技术的使用需要扫描仪、打印机等设备的支持，而对这些设备的研究也需要使用高质量的计算机技术。

（二）繁杂性

计算机技术的兴起在计算机技术的使用上表现得尤为明显，因为计算机技术本身要精密得多，而计算机技术的使用要复杂得多。此外，在许多复杂的领域，人们对计算机技术的使用提出了更高的要求。为了满足这些需求，人们不断改进计算机技术，增加计算机组件和工具，整合计算机技术。

（三）微型化处理

微型化是我国计算机技术发展的现状。随着计算机的使用条件越来越复杂，对计算机技术的使用要求也越来越高。随着计算机技术的普及，袖珍电脑、笔记本电脑、手机等计算机设备的发明，人们充分认识到计算机技术的重要性，并希望随时随地利用计算机技术进行发明创造。在这种情况下，向小型化发展成为计算机技术发展的必然方向，计算机设备的小型化，满足了人类对其易于维护和操作的要求。

（四）多元化性质

目前，不同国家的计算机没有什么不同。人们不仅在各行各业和各种活动中使用计算机技术，而且在运动和娱乐中也会使用计算机技术，所以信息技术必须满足人们不断变化的需求并探索不同的使用方式。

（五）人性化考量

人类的需求是计算机技术发展背后的驱动力，而中国计算机技术的发展动力还来自对公民的责任。人类的思想专注于现代技术的发展，其中包括对计算机技术的研究；管理员可以根据人的需要改进计算机技术，提高计算机技术的质量，升级计算机系统，提高运行速度。因此，在我国，计算机技术具有强烈的人类视野，力求与人一起生活和工作，快速且不断更新计算机技术，使计算机技术能够为人们提供足够的帮助。

四、计算机技术应用的现状与分析

（一）数据管理

计算机技术早期应用数据管理与科学计算。数据管理主要是通过数据库的系统软件对一些大型数据进行有效的管理，提高数据管理的科学性、有效性，提升数据管理的规律性、应用的价值性。数据管理主要是根据数据库管理系统为管理者提供相应的决策依据，并提高决策者的管理水平，改善管理策略的一种计算机技术。

数据库软件的有效应用是提升数据管理的基本方法之一，数据库的发展经历了多年的历程，现有的数据库软件都是网络版本，现在企业中应用比较多的是 Oracle 数据库，其特色是应用大型的网络数据库，其应用具有一定的现实应用意义。在对数据进行管理的过程中，主要的流程包括数据采集、数据储存、数据加工分类、数据排序以及数据检索等过程。数据库管理主要通过采集、储存、加工进行有效的管理，方便数据的共享等管理机制，减少代码的冗余性。

数据管理已经成为当今计算机技术应用的一个主要方向，是现代化科学管理的主要基础。数据管理是软件开发中的重要组成部分，科学地应用数据库管理，是提高软件开发的基础，也是有效软件开发的基本保障。据不完全的统计数据显示，有超过 80% 的计算机应用主要是对数据进行管理，这足以说明计算机技术应用的主导方向就是数据管理。计算机中数据管理是计算机主要工作方式之一，也是计算机基本功能之一。

目前，计算机技术应用于数据管理已经十分的普遍，其主要应用于现代办公自动化技术，企事业单位计算机辅助管理和决策、情报检索、图书馆等公共场所以及电影、动画设计、会计、电算、自动化等各个领域中。计算机技术的广泛应用，是我国科学技术水平提升的标志，计算机字长是衡量一个国家科学技术水平的重要指标。

（二）科学计算

科学计算是计算机的主要功能之一，也是最早计算机的唯一功能。1946 年 2 月世界第一台计算机诞生，虽然其有很多不完善的地方，但也是一个划时代的改革，其具有计算功能。计算机经过近 70 年的发展，其不仅有计算功能，还具有其他很多功能，计算机从开始的简单计算，到现在能完成很多复杂计算，其应用领域比较广泛，比如，天气预报、数学计算等。这些领域都需要复杂数学计算，用人工计算是非常难的，也比较容易出现错误，利用计算机进行计算，准确无误，还节省了大量时间。利用一些固化的程序进行计算，完全可以取代人工计算，其具有一定应用前景。

（三）计算机过程控制

自动化工程领域应用计算机技术比较多，主要应用于计算机过程控制。利用计算机对一些大型仪器进行过程控制，机器在工作过程中，人不直接控制机器，而是利用计算机进行过程控制，节省了人力资源，利用计算机控制准确，出错概率低。过程控制主要是利用计算机技术对数据进行采集、分析并按照预定的目标对控制对象进行自我控制的过程。计算机进行过程控制，其应用技术比较成型，利用人工进行控制，控制工人需要经过专业培训，且工作错误率高，还有一定的风险。过程控制技术的应用可以明显提高自动化和智能化的水平，切实提高控制的准确性和真实性，从而提高控制的效率，切实提高工作能力。计算机过程控制是科学技术水平发展标志，也是现代化企业发展的需要。目前，计算机过程控制主要应用到石油生产开发、机械制造、交通运输和电力企业等行业中，其应用范围将会进一步得到扩展。计算机过程控制的广泛应用，是我国工业快速发展的标志，是企业提高利润的主要方法之一，也是社会发展的需要。

（四）计算机辅助技术

计算机辅助技术主要是计算机辅助设计、计算机辅助制造、计算机辅助教学三方面。这三方面的广泛应用，提升了其领域的应用成果。比如，计算机辅助教学在教学中的应用，提升了课堂的教学效果，利用先进的科学技术，增加了教师教学手段，在课堂上利用图文并茂、音频视频相结合的教学方法，提高了学生学习兴趣，对提高学生的学习成绩有一定的帮助。现在我国各个领域的学校，基本都应用计算机辅助教学，在一定程度上为提高学生的学习成绩提供了强有力的保障，丰富了教师的教学手段，完善了教学内容，也是学生课外学习的一个很好补充。

五、计算机科学技术在各领域的应用

（一）在电力行业发展中的应用

智能电网建设规模不断扩大，对于计算机科学技术的应用需求也有所提高，基于现代科学技术的电力系统，运行的稳定性与安全性有所提升，整体的自动化水平也比较高，可在了解社会发展需要的基础上，对整个电网进行智能化、自动化调控，强化自动化管理水平。计算机科学技术在实际运用过程中，也能够对电力系统中的紧急事故进行及时、妥善的处理，保障整体高效运行。而且可以对各项信息数据进行自动采集与处理，为自动化控制提供可靠依据。对于电力系统中设备故障问题，也能够进行故障类型和故障范围的准确判断，便于异常情况的有效处理，让电力系统一直处于平稳运行状态。

1. 目前电力系统自动化技术所包括的方面

电力系统的自动化是一个非常综合的概念，指的是所有在电力系统的运行过中需要实现的自动化的信息搜集、整理以及控制等行为。因为电力系统的复杂性和广泛性决定了在对电力系统进行管理的过程中，有关部门和工作人员需要全面地掌握系统的运行数据和运行情况，然后根据系统需要作出相应的调度，所以电力系统的自动化技术绝不是单纯的某一个方面的技术。一般来说，主要包括以下几个方面。

（1）电网调度的自动化控制和管理

在电网运行的过程中，不仅要实现对现行的各个区域内的网络运行状况的实时搜集，还要通过一定的计算和检测，做出相应的控制和管理。因此，在这个过程中，需要通过计算机技术来实现对网络运行状况的监控和对数据的计算，并且要根据计算的结果实现数据的传输，以便更好地对电网的调度进行控制。

（2）电网运行中变电站的自动化管理

在电网运行的过程中，发电站将电能传输给用户需要经过电力系统中的变电系统的运作和传输，也就是说要在变电站内实现电能的合理转化。在这个过程中，如果只采用人工作业的办法，不仅无法满足变电量的需要，还容易出现一定的误差，但是通过对相关的计算机手段和技术的应用，就可以实现工作效率和准确性的大幅度的提升，因此，在变电系统的运行过程中，应该采用相关的计算机技术对现有的变电站实行全面的升级和设备改造，使其更好地满足变电站的运行需要，实现自动化的管理和控制。

（3）电网运行过程中水力发电站综合自动化的实现

水力发电作为仅次于火力发电的重要发电形式，对于我国的电能大的来源也起着非常重要的作用。因此，在水力发电的管理过程中，有关部门和工作人员应该加强对大坝的相关数据和信息的实时监控，并根据水库的情况进行随时调度，以便更好地服务于水力发电的运行。在这个过程中，采用计算机技术可以实现对整个水力发电管理水平的提升：

第一，可以有效地实现对水库运行状况的实时监测，并且可以对水库的各种调度予以操作和执行；

第二，可以有效地对大坝搜集到的各种数据进行分析整理，实现对各种危险情况的警报。

第三，可以对各种降雨情况进行预测和分析，以便有关部门更好地做好相关的预防工作。

第四，可以实现对各种发电厂内的设备的有效管理和控制，以便保证发电工作的顺利开展和进行。

2. 当前计算机技术在电力系统中的价值体现

计算机技术从产生之初，就对人类社会的发展起着非常重要的作用，也就是说从计算机技术的产生，人类进入了新的历史时期，即电子时代。在现代社会中，基本上任何的生产行为和生活方式一定程度上都离不开计算机技术的支持和使用，也就是说，计算机技术关系着人们生产生活的各个领域。作为电力企业来说，电力系统的构建、运行以及维护都需要通过一定的自动化管理和控制来实现，如果没有了计算机技术的管理，那么不仅生产效率会大大地降低，管理水平也会受到严重的影响。因此，在电力系统的运行过程中，几乎各个环节都离不开相应的计算机技术的支持，从相关信息的采集、汇总、整理、加工，再到信息的传输、操作，都需要通过计算机技术来实现。可以说，计算机技术已经渗透到了电力系统生产和管理的各个环节。如果没有了计算机技术，电力系统的运行质量一定会大大降低，任何一种新型计算机技术在电力系统中的应用，都会有效地完善和改进现有的系统。所以，在未来的电力系统的发展过程中，计算机技术的应用必然朝更加智能化的方向进行。

3. 计算机技术与电力系统自动化相辅相成

在我国现行的电力系统自动化过程中，计算机技术不仅起着重要的支持作用，还能够同自动化技术进行有效的结合使用，也就是说，二者在共同的发展和作用的过程中，实现了组合方式和效果的优化，更好地服务于电力系统的管理。这种结合主要表现为以下几个方面。

（1）智能电网技术

所谓智能电网技术，就是根据现行的计算机技术和电力系统的自动化技术结合生成的一种对电网的自动化管理和控制技术，这种技术可以在无人监管的状况下，实现对整个区域内的电网的全程监管和控制。并对各种运行故障以及潜在威胁进行检测和排查，以便更好地实现电网在运行水平和质量上的提升。目前来看，电网的智能管理已经应用在了自动化控制系统和变电站自动管理等方面。也就是说，在对电网管理以及对变电站内的设备和线路的运行管理过程中，可以实现无人工作业的全自动化进行。

（2）光电式互感器

在输电线路中，为了对输电线路的电流、电压负荷情况进行准确分析，光电互感器成为输电线路中的重要设备。光电互感器能够通过一定的比例，将输电线路上的大电流及高电压数值调节到能够准确测量的范围内，保证测量设备的安全，也提高了对输电线路电流、电压测量的准确程度，减少线损，增强电网调度运行的经济效益。近年来，随着科学技术的发展，光电式互感器成为众多科研单位的重要研究方向。

（3）电力设备系统的智能化

随着计算机技术的发展，计算机技术在一次设备的智能化应用中，实现二次设备的部分或全部功能，降低了控制电缆和电力信号电缆的连接作用，对一次设备和二次设备的运行情况进行测量和保护，减少因电磁辐射等对电力部件的影响。

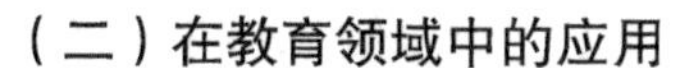

（二）在教育领域中的应用

教育事业革新发展中，多种新方法和新模式运用到了教育教学中，计算机科学技术的应用丰富了教学方法与模式，可通过多平台和多途径进行知识内容的有效传递，实现了多样化教学，可吸引学生的学习注意力，提高教育教学质量与效果。基于计算机科学技术的教学方法和模式比较多，如翻转课堂、微课等，能够充分发挥计算机科学技术的优势作用，运用互联网中丰富的教学资源，拓展学生的知识结构，也可以将知识内容通过不同的形式进行展示与传递，便于学生对于所学内容的深入理解与掌握，提高学生运用所学知识的能力，对教育事业的进一步发展有着促进作用。

1. 基于网上资源的自主式学习模式

“自主式学习”也称作“个别化学习”。自主形式的学习是在教师有目的的帮助和指导之下，为学生的自主式学习打下基础，帮助学生了解到自己的学习任务和学习目的，然后学生可以利用计算机网络技术或者是信息技术自主学习。在新型的学习模式下，多媒体是学生学习和交流的工具，学生的学习不再仅受制于老师的传授，还可以通过网络汲取到更多的背景知识或者是专业知识。

（1）该模式的四个基本要素

学习任务：老师可以根据自己课程的安排，给学生设置任务，让他们完成作业。

信息资料：老师可以在课堂上提出问题，并且要求同学在网络上寻找相关问题的答案。

学习指南：当学生在利用网络学习时发现了一些问题，老师应该帮助学生解决问题。

成果反馈：学生通过网络学习以后，要定期向老师展现成果，证明自己并不是利用网络打发时间而是真正的有所收获。

（2）该模式的五个主要特点

个性化。通过计算机网络技术学习，学生可以根据自己的学习任务、学习目的以及兴趣爱好，发挥出网络学习模式的个性化特点，全面提高自己的素质。

能动性。与传统的教学方式不同，通过网络学习的教育方式可以让学生感知到自己是在主动学习的，认识到学习的重要性，激发出学生学习的能动性。

多元化。传统的学习模式总是处于固定的框架之中，而通过网络技术和信息技术的教育模式将会对老师和同学产生了更多的挑战，其学习内容呈现出多元化的特点。

自主性。与能动性的原理相同，学生对学习将会产生自主性，因为他们会根据自己的学习目的而设置学习方案，同时也培养了学生的学习能力。

2. 基于网络通信的合作式学习模式

基于网络通信的合作式学习模式是指利用现代计算机网络以及多媒体等技术来建立起合作学习的大环境，再通过小组等形式来组织学生之间以及教师与学生之间进行讨论、交流和学习。它可以让学生进行自主学习，可以通过自己的需求选择自己学习还是找到团队合作学习，学生能够通过自己的安排而找到适得其所的学习方式，同时他们可以评价自己的学习内容，反馈学习成绩，掌握学习的进度，了解到自己的不足之处并加以改正。该模式有以下四种主要形式：

（1）竞争形式

竞争形式的存在往往是由于学生在学习内容相同的科目或者是在同一个教室的学生数量众多的情况下，产生的竞争学习模式。竞争学习模式的存在有利有弊，优点是可以提高学生学习的积极性，轻微的压力能够让学生产生紧迫感，不容易产生懈怠情绪，即使没有老师的看管，他们也不会肆无忌惮地玩耍。当然竞争形式也有缺点，在竞争形式之下往往会产生恶性竞争的情况，学生给自己过多的压力，导致相反的后果产生。

（2）协同形式

协同的形式，在这种模式下是一种主要的形式，因为大多数的学生都会选择合作式学习，互相帮助，互相弥补不足。两名或多名学生充分发挥个人的优势，合理分工，密切合作，共同完成某种特定的学习任务。

（3）角色扮演形式

角色扮演的形式是指在计算机网络技术和信息技术的运用过程中没有老师的形式，所以不同的学生可以扮演不同的角色，扮演监督学习者角色的同学可以复习知识，而扮演学习者角色的同学可以学习知识。不同角色可以进行转换，以帮助学生学习更多知识。

3. 基于网上资源的探究式学习模式

探究式的学习模式是在我国正在兴起的教学模式之下的一种新型的学习手段，老师利用教学设计和计算机网络，给学生提供良好的学习环境，为他们设定既定的学习目标和学习内容，学生围绕着一个学习主题，可以采取探究式学习的方式，通过小组的帮助互助前行。并且，小组内成员可以对彼此的学习成果进行评价，每一位小组成员都在此过程中获得成长。

在网络探究的学习过程中，老师是可以为学生设定一定的学习内容和学习主题的，学生的学习任务要围绕着这个主题而展开。但是并不是一成不变的，由于是探究式学习，所以老师对于内容的设定会比较开放，学生有自己发挥的空间，以基本的学习内容为出发点，通过小组互助的形式，对问题展开讨论，通过计算机网络技术和信息技术的帮助，能够拓展自己的知识面。通过探究式学习的模式，每一位同学不仅能够提高自己对于知识的认知，还能提高自己的学习能力、合作能力、交流能力等，可谓是一箭多雕。

对于网上学习，学习者必须进行自主学习，没有了教师面对面的解释，但到了百思不得其解时，及时的答疑和帮助则成了必不可少的内容。教师应该知道初学者容易遇到哪些问题，学习过程中有哪些常见的疑问，在进行课程设计时，可将这些问题及其答案罗列出来，放在答疑系统中。这样，当学习者遇到类似的问题时可以从答疑系统中迅速地获得解答，消除学习过程的许多障碍。也可以减轻教师在教学过程中答疑的工作量，缩短学生获得解答的时间。

（三）在无人机研发领域的应用

随着计算机视觉技术的产生、演变发展、普及应用，其与无人机相结合，能够为无人机执行并高效完成测量、判断、识别以及检测等任务提供支撑。计算机视觉技术能对外界物体进行有效识别，帮助无人机在日常飞行期间对外界环境进行实时监测，特别是在感知周边降落环境时能够得出详细的判断结果，避免着陆期间出现损坏无人机的问题。

1. 计算机视觉技术的类型

（1）数字图像处理技术

具体而言，数字图像处理技术的应用涉及以下内容。

一是对空间域图形信息进行有效处理，确保能够与应用标准相符，同时可以有效复原图像信息。通常情况下，在无人机搜集相关信息数据时易出现图像信息不完整的问题，对此灵活运用图像复原技术进行系统化处理非常重要。

二是压缩处理图像信息，有效解决部分图像信息存在的信息编码分散、占用空间过大等问题。信息承载量相对较多，为了提高信息的有效性，需要做好搜集信息的筛选工作，挑选出有用的信息进行科学合理、系统化的处理与利用。

此外，对图像信息进行有效匹配与识别也非常重要。特别是对于部分图像，其格式通常需要经过技术层面的转化才能实现有效应用，数字图像处理技术在这个过程中能够发挥出重要的作用。

（2）视觉跟踪技术

合理应用视觉跟踪技术，能够监测人们生活和生产中相关视频系统的运行情况，在三维重构、虚拟现实等领域具有显著的应用价值。视觉跟踪技术在实际运用过程中可划分为两种形式：第一，从图像信息中直接获取相关信息资料与运动轨迹，不再需要额外加工、转化等环节；第二，不能直接获取，需结合一定的图像模型有效提炼相关运动轨迹、视频信息等。在信息获取过程中，需结合一定的运动特点对实际运动轨迹进行切实可行、科学合理地分析，以此确保视觉跟踪技术的应用效果。

（3）计算机视觉自动导航技术

计算机视觉自动导航技术能够对相关设备设施起到引导作用，使其有效避免影响运行安全性与稳定性的相关风险因素。具体而言，在实际运动导航作业开展期间，需立足实际需求对机器设备进行精确化引导，结合实际的图像信息提供指导，从而有效实现基础导航目标，提升计算机自动化导航技术的应用效果。

2. 计算机视觉技术在无人机上的应用

从无人机应用效率及安全性全面提升角度考虑，还需掌握计算机视觉技术在无人机上的具体应用要点。

（1）基于计算机视觉的无人机自主加油

现阶段，全球范围内存在两种自主空中加油方式，一种是伸缩套管式加油，另一种是插头—锥式加油。

伸缩管式空中加油也被称为“飞杆加油”或“硬式加油”（与软管式加油相对应），主要由压力供油机、伸缩套管式、控制机构等构成。利用该方式进行空中加油作业时，加油机上的操作员通过信号指挥受油机接近已伸出的伸缩管，当它们之间的距离很近时，两机相对位置保持不变，然后操纵短翼并通过伸缩管的长短伸缩使之与受油机上的受油管衔接。此外，其具有输油速度快（可达到每分钟 6000L 左右）、对空气湍流不敏感、对接操纵方便等优点。而插头—锥管式加油又被称为“软式加油”，即由空中加油仓释放出加油软管，再由飞行员对飞机受油探头和加油锥套进行对接处理，使其能顶开锥套内的单向活门，满足随时随地加油的需求。与此同时，软式加油能够实现为多架飞机加油的目标，还能为直升机提供加油服务。需要注意的是，即便软式加油的应用优势相对突出，但是缺点也较为明显，即加油速度较慢、易受空气流速的影响。

（2）基于计算机视觉的无人机自主着陆

无人机自主着陆是通过机载导航设备进行定位导航，利用飞行控制系统控制无人机降落至指定地点的过程。通过视觉方法测定无人机位置，从而为无人机自主着陆提供可靠的导航参数。图像处理与跟踪技术则是无人机视觉导航的重要基础，其主要工作是获得一幅图像后对其进行一系列处理，再从中提取对无人机自主着陆有用的信息。一般无人机的着陆跑道都具有很明显的直线特征或者特定的轮廓信息、标志性的特征点等。通过一系列的图像处理工作可以得到无人机着陆跑道的特征信息，为无人机自主着陆导航提供辅助。

3. 基于计算机视觉的农业应用

以种植业为例，在病虫害识别方面，基于计算机视觉技术对常见的害虫进行图像特征分析，能够实现对昆虫的自动识别。对昆虫的骨架特征进行提取后，应用神经网络进行进一步的识别，最后通过与建立的昆虫特征信息库进行数据对比，从而实现害虫的识别。经过实际测试，其准确率可以达到 90%。除利用计算机视觉技术检测识别农作物中的害虫外，还可以通过在无人机上安装红外线设备的方式来测定农作物是否缺水、缺肥等情况。

4. 基于计算机视觉技术的无人机智能化发展

无人机的应用范围相对广泛，牵涉多个行业和领域。灵活运用具备数据分析功能的无人机软件，可以有效促进能源等行业的发展。与此同时，无人机技术能满足工业资产可视化的要求，有助于解决工业资产识别、管理维护等方面的问题。以石油开采为例，无人机油气管道巡检方式大致可分为两个阶段。第一阶段是实时巡检，即巡检人员通过地面站或监控中心给无人机发送命令来控制无人机飞行作业，在飞行的过程操纵无人机自身搭载的专业航拍设备（高清摄像机、红外热像仪等）拍摄获得真实的油气管道影像资料并回传到地面站或监控中心，帮助巡检人员实时了解管道的真实情况，快速及时地发现管道中的安全隐患；第二阶段是对巡检结果进行后置处理，即使用专业图像处理软件对第一阶段中所获得的管道影像资料进行处理，绘制出整套的油气管线无人机航测图，以便后期的统计和分析。

六、我国计算机技术的发展趋势

计算机的具体发展趋势主要分为两大部分。

（一）智能化

智能化计算机是指设计结构独特并采用平行的处理技术，可对计算机中的多个数据及多种指令进行同时处理和分析的一种超级计算机。超级计算机相对于普通的计算机来说有着更高的运算速度。这些更智能化的计算机更接近于人类大脑的性能，可以为人们生活和工作提供方便。更可以在某些高端行业，帮忙处理大量繁杂数据，提高工作效率，节省时间与成本。这也就是计算机发展的趋势是更人性化、更智能化。

1. 人工智能技术的发展现状

对于计算机人工系统的发展，业内人士已经取得了不错的进展，但人工智能方向的突破，却遇到了前所未有的瓶颈期。关于人工智能技术，其研究重点在于“智能”二字，尽管目前世界很多国家已经研制出具有初步大脑模拟和符号处理等功能的机器人，但要进一步脱离人工监测而实现自主信息处理，还远远没有达到要求。

就目前来看，人工智能的多数操作都是建立在对物理符号系统假设之上的，虽然人工智能在网站监测、法律、金融贸易、医药诊断等领域已经有了较为广泛的应用，但这些应用普遍倾向于计算机技术与通信工程和自动化机械操作相结合的结果，与绝对的人工智能化程度相差甚远。此前，欧洲信息技术研究计划已经计划把人工智能技术和软件工程技术紧密地结合起来，从而可以开发出一套比较有效的工具，这个工具同时也可以支持软件系统的具体分析和设计工作。而且近年来越来越多的研究也都表明，人工智能技术和软件工程技术的联合发展是非常有必要的，同时也必将引起软件开发方法和软件程序管理模式的改变，这样就可以形成一个新的开发和管理规范，而人工智能技术也可以使软件的开发更加容易、更便于修改和维护。

业内人士分析，目前的人工智能技术的发展成果主要可以总结为三个方面。

第一，人工智能技术可以更好地运用专家决策系统以及人工神经网络系统来对软件工程项目进行设计，比如，现在比较流行的医院的自动检测机械，能够有效地减轻医疗人员的工作压力，并提高疾病诊断的精确性。

第二，在路径查找和路径规划方面。在最小代价路径查找和路径规划中，可以使用专门的技术，它们中有一些非常灵巧微妙，另一些则仅仅是使用蛮力解决，来模拟对理解的直觉迅速转换或者对普通人大脑生成过程的识别，结果有时非常令人惊讶，路径查找就是路径规划问题的一种变体。

第三，人工智能的近期研究目标在于建造智能计算机，用于代替人类从事脑力劳动，即使现有的计算机更聪明更有用。正是根据这一近期研究目标，我们才把人工智能理解为计算机科学的一个分支。人工智能还有它的远期研究目标，即探究人类智能和机器智能的基本原理，研究用自动机（automata）模拟人类的思维过程和智能行为。这个长期目标远远超出计算机科学的范畴，几乎涉及自然科学和社会科学的所有学科。在重新阐述我们的历史知识的过程中，哲学家、科学家和人工智能学家有机会努力解决知识的模糊性以及消除知识的不一致性。这种努力的结果，可能导致知识的某些改善，以便能够比较容易地推断出令人感兴趣的新的真理。总体来说，人工智能借助于通信技术将网络的触手伸向世界的角落，向人们展示了精彩的世界。人工智能目前在计算机领域内，得到了愈加广泛的重视，并在机器人、经济政治决策、控制系统、仿真系统中得到应用。在另外广阔领域里，人工智能借助于机电光声技术，为社会提供了电子排版系统、家庭影院、音乐喷泉、CT检查和机器人等，给人们带来了一片新气象。

2. 深入挖掘人工智能面临的挑战和未来的发展趋势

在人工智能探索道路上，要想人工智能技术能得到突破性进展，对人工智能技术的本质定义的理解很有必要，也就是人工智能技术究竟是什么？在某种意义上，它是受到生物学启发的工程学。在我们的四周，动物和人随处可见，于是我们就想自己有能力创造一些能像这些动物和人一样行事的机器。我们希望这些机器能像动物和人那样学会说话，学会推理，并且最终学会拥有自我意识。而目前有关机器人与人类的共存问题引发了大范围的争论，这也是阻碍人工智能技术发展的一个重要因素。这种机器人与人类共存问题的担心是不必要的。首先，人类目前的研制水平远远不够开发一个完全和人类一模一样的具有复杂的神经网络的智能系统；其次，人类即使能够开发出具有危害人类伦理道德和自身安全的智能系统，说明人类对计算机的信息处理实现了超高精细化，这样的科技水平完全能够控制机器人的自由发挥。针对目前人工智能界极度依赖程序化设计的局面，下一步亟待解决的问题是更加深入地研究和开发更为复杂的智能结构。

（二）新型计算机

计算机的发展是基于硅芯片技术的不断更新，但由于需求的不断加强，硅芯片的研发潜力已近极限。所以很多新型计算机就成了计算机技术的发展趋势。

1. 纳米计算机

计算机技术与纳米技术相结合，便有了纳米计算机。纳米元件与电子元件相比，其体积较小，质地优良且导电性能较高，完全可以取代传统的硅芯片。纳米技术兴起于20世纪80年代初，纳米作为一种计量单位，它的目标是使人类可以自由地操作原子。使用纳米级芯片组成的纳米计算机的能耗非常小，几乎可以忽略不计，性能上远远高于现有的计算机，所以纳米计算会是计算机技术的发展趋势之一。

2. 量子计算机

用量子力学来对大量数据进行运算以及存储和分析处理的原理源自可逆计算机的一种物理装置，而量子计算机就是基于这个。量子效应是量子计算机研发的基础，这种计算机中，开与关的状态是通过激光脉冲来改变一种链状分子聚合物的特性来决定的。由于量子的叠加效应，与传统计算机对比而言，量子计算机存储的数据量要大得多，此外，其运算

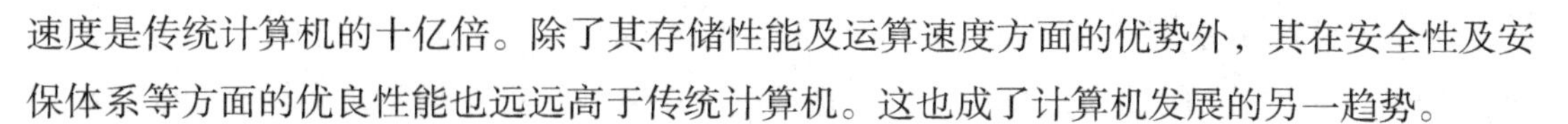

速度是传统计算机的十亿倍。除了其存储性能及运算速度方面的优势外，其在安全性及安保体系等方面的优良性能也远远高于传统计算机。这也成了计算机发展的另一趋势。

3. 光子计算机

光子计算机是利用光子进行计算，用光子代替传统的计算机通过电子进行数据计算、传输和储存。并把传统计算机的导线互联转变成了光互联。传统的计算机硬件结构复杂，多数为电子硬件，而光子计算机则为光子硬件，并为光运算，不同的数据是由光的不同波长表现出来的，对于复杂的任务可以进行快速处理。成为新型计算机一员。

第二节　计算机技术在大数据时代的应用

计算机技术是大数据时代的基础和支撑，没有计算机技术，就没有大数据时代的发展和应用。以下是计算机技术与大数据时代的关系：

一、大数据时代计算机数据备份技术分析

大数据需要大量的存储空间，计算机技术的存储技术在大数据时代得到了大幅度的提升。现在的存储设备可以存储数百 TB 的数据，而云存储技术也让数据的存储和访问变得更加便捷。

（一）数据备份概念及其特点

数据备份指的是将计算机系统的所有数据或者是部分重要数据借助某一种或多种手段从计算机一个系统复制到另一个系统，或者是从本地计算机存储系统中复制到其他的存储系统中。其目的就是保障系统可用或者是数据安全。防止由于人为的失误或者是系统故障问题抑或是自然灾害等方面的原因造成系统数据的安全性无法保障。数据备份更重要的原因是数据信息的多重保存以备不时之需。

数据备份按照备份的实现方式可以分为单机和网络两种备份方式，传统的备份就是单机备份，对计算机本身将数据进行异地存储；现代比较流行的就是网络备份，这是针对整个网络而言的，这种方式的备份较为复杂，是通过网络备份软件对存储介质和基础硬件存储设备的数据进行保存和管理。由于网络备份是在网络中进行数据备份的，因此也就不同于普通的传统单机备份，它是包含需要备份的文件数据和网络系统中使用到的应用程序以及系统参数和数据库等内容的。

数据备份的作用在于：一方面，在数据受到损害时对数据进行还原和恢复；另一方面，数据信息的历史性，可长久保存，方便数据的归档。

（二）数据备份存储技术

备份换言之就是数据的存储，因此备份技术是存储技术的重要内容之一，但是数据备

份存储作为计算机系统技术与简单的备份区别很大。计算机数据备份存储技术是更为全面、完整、稳定安全的数据信息的备份，是网络系统高效数据存储的，也是安全性较高的网络备份。

文件存储作为最基础的数据类型是随机存储在硬盘上的数据片段和文档资料，这些存储的数据文档、报表甚至是作为数据库文件的应用程序等，在存储一定的量后就会出现超出容量的情况，因此对其的整合是必要的。这样的整合是将存储的各类数据或者是数据库以一个顺序和程序的形式呈现，帮助人们解决备份存储的空间问题，技术问题以及成本问题。更能将工作人员从繁重的连续数据维护和监控的工作中解放出来。

（三）保障计算机数据网络备份

通过网络传输的备份数据在传输过程和传输路径方面必须确保数据的安全性。若不能保证数据的安全，那么一些企业的关键数据和重要应用程序就会受损，甚至是失去了备份的意义。因此相比单机备份而言，网络备份更能确保安全传输和安全存储。

首先，确保备份数据的机密性。数据信息的网络备份不能被非法用户随意获得，因此在数据备份过程和传输过程中必须防止数据的机密性被破坏。一般数据备份常用的方法是加密。必须保证是数据拥有者才能使用这些数据信息，关键的数据信息的加密工作要更加严格。数据内容不容有失，甚至是数据的相关名称和代码等也不能随便被非法进入系统的人获得才是最能保障数据安全的方式。此外，在数据网络传输存储之前一定要确认接收信息一方的真实性，核实双方信息是否匹配，一定要在双方身份确认之后才能对网络的数据信息进行发送和接收，这样既避免了欺诈行为又确保了网络中间不可信的因素存在使数据信息遭到破坏。

其次，确保备份数据的完整性。数据备份存储不是一个简单的过程，数据信息是通过设备和网络之间传输来完成备份数据存储的。成员必须保障所传输的信息完整的被上传而且这些数据信息不能被其他方拦截和篡改，以破坏备份数据信息的内容和属性等。此外在存储时也要保障数据信息的正确无误完整保存。

再次，备份存储的数据可用性。数据存储必须是可用的，而且是计算机资源用户合理合法地使用。对于网络备份系统的信息和信息用户系统的信息是完全一致的，是可用的。备份数据资料必须在合法用户需要时可以随时安全使用。这是网络数据备份存储必须保证的。

最后，保障数据存储的授权。保证是合法用户在通信和提供服务中对无线或是有线网络与计算资源的使用；既要避免非法用户的盗用，也要考虑合法用户的有效信任模式。网络备份数据的安全性必须得到正常的保证，否则一旦出现备份的数据信息安全不保事件，就会引发计算机数据缺失事故，给数据信息恢复或正常使用工作带来麻烦，给企业和个人造成严重的损失。根据 3M 公司的一项调查表明，对于市场营销部门来说，恢复数据至少需要 19 天，耗资 17000 美元；对于财务部门来说，这一过程至少需要 21 天，耗资 19000

美元；而对于工程部门来说，这一过程将延至42天，耗资达98000美元。而且在恢复过程中，整个部门实际上是处在瘫痪状态。在今天，长达42天的瘫痪足以导致任何一家公司破产，而唯一可以将损失降至最小且行之有效的办法莫过于数据的存储备份的安全性。

二、大数据时代计算机数据处理技术

大数据需要处理大量的数据，这就需要计算机技术的高性能处理能力。现代的计算机和服务器可以实现对PB级别的数据进行高速处理和分析，这使大数据时代的各种应用成为可能。

（一）大数据时代计算机信息处理技术

计算机信息处理技术主要包括了对信息数据的收集、存储、传播以及数据的保护等。

1. 数据的收集及传播技术

计算机在进行数据处理之前，首先需要进行数据收集，当收集到有效的数据之后，才能对这些收集而来的大量数据进行各种操作。当数据收集工作完成后，就能够对这些数据进行归类、分析和整理，然后将整理之后的数据传输到网络中，通过网络来实现这些数据的价值。

2. 信息的存储技术

大数据时代背景下，随着网络中各种视频、影像以及虚拟化等内容越来越多，数据容量的不断增加，为数据存储技术带来了巨大的挑战。在普通数据存储过程中，由于所涉及的储存数据量普遍较小，因此对计算机及网络的性能要求不高，普通计算机及网络均能满足这些数据的存储要求，然而大数据由于数据量通常非常大，就要求更高的计算机性能及网络性能来保证存储效率。如果将普通数据存储技术应用到大数据的存储中，会造成大量的资源消耗，因此，需要结合大数据的特点，采用新的方法进行大数据存储，保证大数据信息的快捷、稳定存储。

3. 信息安全技术

在大数据背景下，各种数据信息已经脱离了原来独立的形式而形成了相互关联的数据结构，但是受限于这种关联结构，其中的某个数据出现问题时，其他数据也会随之受到影响。对信息的安全管理也不再是单一地建立在单个数据或者是单个数据的基础之上，而是需要同时对整个信息系统进行管理，这就为当前计算机信息处理技术带来了极大的发展机遇，同时也使其面临了巨大的挑战。当前计算机信息处理技术由于受到硬件性能的限制，还无法完全满足大数据安全管理工作的性能需求，但是这也为计算机网络的发展创造了条件。为了保证大数据信息的安全，就需要不断发展信息安全技术。

首先，需要加强当前信息安全体系的建设，在加强安全体系建设的同时，还需要对技术管理人员进行新技术的培训，提高技术人员对新管理体系的适应能力和管理能力，确保新的安全体系的作用能够充分发挥，为大数据信息的安全提供保障。

其次，需要加快大数据安全相关的技术研究工作。随着大数据时代数据结构及总体容量的变化，当前的信息安全技术难以对大数据进行全面的安全监测，应该全面加强新的信息安全技术的开发，通过技术的更新实现对大数据信息的全面监测，全方位保障数据的安全。

最后，在新的安全技术出现之前，大数据的存储管理容易造成数据的泄露，同时，由于当前监测方式无法对数据进行全面监测，还容易导致数据存在一定的安全隐患，因此，在当前技术条件下，可以将重要数据信息作为监测的首要对象，通过确保重要信息的安全来保障整体信息的安全性。在当前技术条件下，这是行之有效的办法。

（二）大数据时代计算机信息处理技术面临的挑战与重要机遇

大数据时代的来临，带来了许多新的问题，这为计算机信息处理技术带来了极大的挑战，同时由于数据处理的要求促使人们加快新技术的研发，这也为计算机信息处理技术带来了新的发展机遇。

1. 大数据时代计算机信息处理技术面临的挑战

当前的时代背景给计算机信息处理技术带来了许多的挑战，这些挑战也不失为一种动力。在当今时代，各种数据信息的量非常大，这些信息来自各个方面，包括行业的生产以及人们的日常生活，只要是涉及了网络的应用，就会产生相应的数据信息，面对这样庞大的数据信息量，必须要有一个高存储量的空间，才能容纳这些数据信息，同时，在对这些数据进行传输的时候，还需要实现快速的数据传输，这样才能满足目前的社会需求。计算机信息处理技术必须要有所突破，实现对这些数据信息的高度压缩，同时，提升数据的传输效率。由于这些信息数据来自不同的行业，还需要对这些内容进行智能化的分类，才可以在需要的时候快速找到相应的数据内容。

在当前的时代中，由于大数据的影响，网络环境相比于之前存在一定的差异，其中最明显的一个差异就是当前的网络环境具有非常强的开放性，但这种特性会给我国的网络环境带来更多的风险。大多数情况下，用户在信息的传输以及共享的过程中，都不存在风险识别以及用户的信息验证，这些网络操作都具有随意性的特点，缺乏严格的限制，这种信息的使用情况，给一些网络黑手带来了可乘之机，很容易发生信息的外泄。所以，当代的计算机信息处理技术还需要具备足够的防护能力，提升数据信息的安全性，对一些重要的数据内容进行加密处理，不断地完善相应的硬件设备，减少信息外泄或者信息被窃取的可能。

数据开放与隐私的保护，对于大数据技术来说，如果想要对其进行合理的应用，就需要保证各种数据的完整性与全面性，使数据形成一定的规模，这样才能满足大数据的应用要求。但是从当前的情况来看，许多部门在数据的开放工作中过于保守，这些部门不愿意把这些数据进行分享，这种情况就会严重地限制计算机信息处理技术的发挥，造成了数据信息的不完整性，还可能会造成数据信息的重复性，这种问题在当前社会中普遍存在。在大数据的背景下，部门要认识大数据的重要意义，积极地开放各种数据信息，保证大数据的完整性，这样才能保证大数据的重要作用得到充分发挥，为社会的发展提供更加强劲的动力。

2. 大数据时代计算机信息处理技术的机遇

就当前的形势来说，信息技术的重要性已经得到了所有行业的认可，成为社会发展的重要动力。随着信息技术应用的不断深入，大数据时代已经到来，对于任何一个行业来说，如果想要在当前社会背景下更好地生存，就必须要迎合时代的发展趋势，充分发挥出大数据的重要作用，利用大数据来做出更加科学合理的决策。比如，对于制造业来说，可以利用大数据技术，对市场的需求情况进行分析，得出人们实际需求，根据分析的结果，在产品的设计以及制造环节入手，研发出更加具有针对性的产品，这样的产品在市场上会更受欢迎，可以有效地提升企业运行的稳定性。在我国当前的许多企业中，对大数据的利用上还缺乏有效的方法，不能充分地发挥出大数据的重要作用，在对各种数据信息进行处理的过程中，缺乏对数据信息的深度挖掘，只停留在浅显的层面上，对数据信息进行粗略的统计，这种大数据的应用方式存在严重误差，得到的分析结果与实际市场变化趋势往往存在严重偏差，会给企业提供错误的依据，使其制定出错误的决策，引发重大的损失。

所以，企业在利用大数据的过程中，需要进行建模，然后使用计算机信息处理技术对这些数据信息进行分类处理，挖掘出这些数据的内在价值；从众多的数据信息中，反映出相关的市场变化规律，同时对市场对产品的需求进行精准的定位；通过对大量数据的分析，可以总结出人们当前的喜好以及产品的消费群体，这样的结果才是真实有效的，可以准确地判断当前的市场形势，制定出针对性的产品设计方案，为企业的发展打下良好的基础，保证企业可以在社会上稳定的立足。

（三）大数据时代计算机信息处理技术的发展方向

大数据通常具有容量大、结构复杂等特点，相对于传统数据独立的形式，大数据中各种数据之间形成了相互关联的结构，这些特点使得现有计算机信息处理技术难以进行有效的处理。当前计算机网络通常都是以硬件为基础进行构建的，这种架构方式存在一定的局限性，网络的性能会在较大程度上受到计算机性能的限制。因此，需要探索新的计算机网络结构，以满足大数据处理的网络需求。未来的网络首先需要建立开放式的网络传输结构，这样才能将网络的信息与计算机硬件分离开来，然后通过对网络架构进行定义并使用相关的网络软件使网络技术向更高的方向发展。

随着大数据处理时代的到来，计算机与计算机网络逐渐融合在一起，形成了一种新的计算机网络结构，这种新结构的出现对大数据技术的发展具有重要意义。它不但颠覆了传统的计算机信息处理技术及网络，同时也为推动计算机处理技术的不断发展建立了坚实的基础；另外，很多计算机信息处理技术的研发和应用已经不再局限于单一形式进行，而是通过网络，将许多小型的公司进行联合，共同进行新技术的研发。

三、大数据时代计算机数据库技术

数据库技术是大数据管理的重要技术之一。计算机数据库技术已经从传统的关系型数

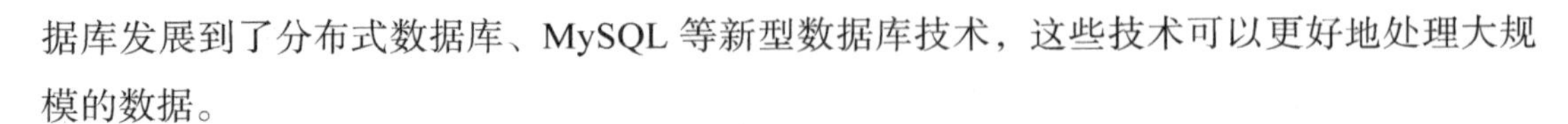

据库发展到了分布式数据库、MySQL 等新型数据库技术，这些技术可以更好地处理大规模的数据。

（一）大数据时代数据库技术的应用现状

在大数据时代，数据库技术的应用日益多样化，面向对象方法与技术相结合的数据库构建，与人工智能相结合的技术拓展，正成为数据应用及发展的重要方向。从实际来看，数据库技术的应用十分广泛，并形成了比较成熟的技术发展，契合了大数据时代信息科技的发展需求。因此，具体而言，大数据时代数据库技术的应用，主要在于以下几点。

1. 与面向对象方法相结合的数据库构建

在以用户为导向的数据库开发中，与面向对象方法的技术结合，能够为用户提供更加完备的服务体验，不仅实现了个性化的服务设置，而且在数据传输等方面，实现了更加安全的信息保障。当前，数据库技术正向创新性方向发展，面向对象的数据库构建，进一步要求基础设计应用的不断完善。特别是在辅助工程软件等方面，应实现基础设计应用的一致性。在程序设计中，基于密集型数据库的构建要求，在数据库技术的应用中应实现识别类型关系的功能，而且在数据备份等方面，能够保证客户的数据应用的需求。

2. 与多媒体技术相结合的数据库构建

随着大数据时代的不断发展，数据库的构建更加强调与多媒体技术的有机结合。与多媒体的技术结合，能够实现两者的技术互补，进而提高数据库的功能实现。

首先，多媒体数据库的界面更加丰富多彩，并能够实现更加多元化的个性设计，满足更加个性化、多元性的应用需求；其次，数据库安全问题一直是数据库应用的重要制约因子，与多媒体技术相结合，能够有效提高数据的安全性。

关于数据库技术的应用发展，应在多媒体数据库的构建中解决三个问题：第一，在多媒体数据库的构建中，由于涉及个性化的设计需求，这就需要融入更多的数字数据，但如何实现数据库技术的有效存储及管理，成为各节点功能构建的重要问题；第二，兼容性问题。与多媒体技术的结合，涉及兼容性问题，这是技术结合发展，实现数据融合与交叉调用的重要基础，也是要求全面深入开展所需解决的重要问题之一；第三，交互式问题。在多媒体数据中，由于数据内容较多，如何在交互性的构建中，提高数据库的有效构建，成为多媒体数据库的建设要求。特别是影响技术、计算机技术和通信技术的日益复杂化，交互式的多媒体数据库建设有更高要求。

3. 与人工智能相结合的数据库构建

当前，我国人工智能发展快速，成为现代信息技术发展的重要产物。特别是在大数据时代，如何开发数据库技术在逻辑推理方面的重要功能，是深化智能技术发展的重要基础。当前，人工智能技术在逻辑推理与判断等方面，表现出较强的计算机模拟功能，与数据库技术的结合，能够有效地发挥两者的优势，在数据存放量、数据信息安全等方面，都有显著性的提高。因此，在人工智能发展的大背景之下，数据库技术与人工智能技术的

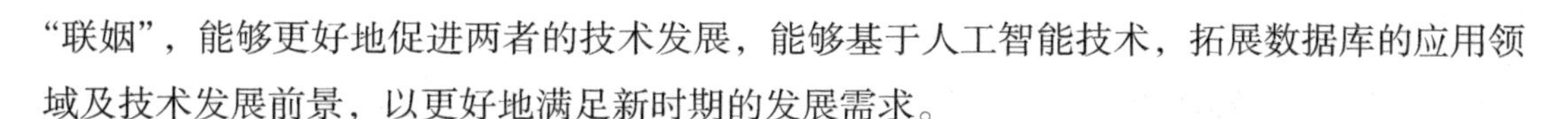

“联姻”，能够更好地促进两者的技术发展，能够基于人工智能技术，拓展数据库的应用领域及技术发展前景，以更好地满足新时期的发展需求。

（二）大数据时代数据库的应用特点

在大数据的时代背景之下，数据库的应用表现出显著的特点，不同数据库的统一性、资源共享性、数据库系统建设的灵活性，都是大数据时代数据库应用的显著特点，也充分说明数据库的应用价值。具体而言，主要在于以下几点。

1. 统一性

不同数据库的统一性，提高数据资源应用在传统数据库系统的构建中，不同数据库存在兼容性问题，导致数据库资源难以有效应用，形成资源闲置、浪费等问题。因此，在大数据时代下数据库的应用，能够基于不同数据库之间的统一性构建，在数据库资源的展示、检索等方面，实现更加便捷、有效的信息操作。某高校图书馆在特色数据库的建设中，通过不同数据库的统一构建，在统一的检索界面实现一站式“检索”和“查询”。因此，在数据库的兼容性应用中，如何实现不同数据库的统一性，成为提高数据库应用的重要基础，也是提高资源利用率的有力保障。

2. 共享性

数据库资源共建共享，实现便捷式资源访问。当前，数据信息的价值体现，在于提高数据资源的共享性，能够在便捷式的资源获取中，提高资源信息的有效应用。在数据库的应用建设中，可以通过虚拟数据中心实现各子节点的构建，进而在功能实现、资源信息共享等方面，发挥重要的作用。因此，随着数据库技术及应用的不断拓展，数据库资源的共享共建，能够进一步实现便捷式的资源访问，满足不同用户群体的需求，提高数据库的应用价值。

3. 灵活性

信息处理机制灵活，优化数据库各节点大数据时代的数据库应用，更加强调数据库建设的灵活性，能够基于实际需求，通过数据库系统的有效构建，更好地满足用户的需求。在信息处理机制方面，应基于灵活性原则，对数据库的各节点进行优化，进而在数据信息处理、传输及应用中，更好地发挥服务效能。因此，从数据库的技术应用来看，灵活性的应用特质，是为了更好地构建完善的数据库系统，以适应快速发展的应用领域。

（三）大数据时代数据库的应用技术手段

数据库的应用涉及多样化的技术应用，这是实现数据库价值的重要基础。从数据标签、节点建设，到虚拟大数据系统、信息获取，都是当前数据库应用的核心技术。笔者在实践中得出，大数据时代数据库的应用，关键在于完善技术应用体系，能够以创新为驱动，创新数据库类型。具体而言，大数据时代数据库的应用技术，主要在于以下几个方面。

1. 数据标签

在元数据的身份标志中，数据标签是数据库应用技术的基础，有数据定位、查询等的作用。因此，在数据库的应用与构建中，应该强调数据库内容的特殊性，能够基于实际需求，设定合理的字符长度。当然，一般情况下，数据标签的字符长度应适宜，能够基于实际需求，提高数据标签设计的合理性。

2. 节点建设

节点建设是大数据库构建的重要内容，需要基于实际需求，通过各节点要素的有效搭建，能够更好地满足个性化的服务需求。从实际而言，数据库的应用，在节点建设方面缺乏有效性，节点建设过于讲究艰苦的标准性，或注重采用何种方式等，这在很大程度上导致节点建设脱离实际，影响建设的有效性。为此，在已有数据库的基础之上进行构建，可基于原址、关键字段信息导入，以重新生成新的数据标签表，这在很大程度上提高了数据库构建的有效性；而对于建设中的数据库，则可以通过制定数据著录规则，自动生成数据标签，以实现数据库节点的有效构建。

3. 虚拟大数据系统

在大数据时代虚拟大数据系统的构建，能够更好地实现海量数据管理，在性能构建、服务创新等方面，都具有十分重要的意义。

4. 信息获取

相比于传统信息获取机制，大数据时代下的数据库应用，更加强调数据信息获取机制的创新，能够在交互式的信息获取中，提高数据信息的服务价值。

首先，可以基于用户的需求，构建自上而下的信息获取渠道，能够为用户提供更加完善的信息传输。

其次，在元数据的获取中，应基于虚拟数据库中，实现数据的提取，以便于数据信息的应用。因此，从实际而言，数据库在信息获取中，需要构建完善的信息获取机制，提高元数据的存储及应用效率。某公司在数据库的构建中，基于用户的需求，在虚拟数据中心，依据数据标签的内容，实现了各子节点的信息传输。

四、数据挖掘和机器学习技术

数据挖掘和机器学习技术是大数据时代的核心技术之一，这些技术可以从大量数据中挖掘出有用的信息和知识。计算机技术的高性能处理能力和算法优化能力使得数据挖掘和机器学习技术得以应用到大数据时代。

（一）计算机数据挖掘

计算机数据挖掘技术的产生是社会的一种进步，了解计算机数据挖掘对我们来说非常的重要，计算机数据挖掘在网络信息时代的今天对于任何一个企业来说都是非常的重要，我们要充分认识数据挖掘的概念、对象、任务、过程、方法和应用领域，只有充分地认识数据挖掘的概念、对象、任务、过程、方法和应用领域，我们才能够更好地完善和发展它。

1. 计算机数据挖掘的概念及对象

（1）计算机数据挖掘的概念

数据挖掘（Data Mining）是指基于一定业务目标下从海量数据中挖取潜在的、合理的并能被人理解的信息的高级处理过程。与传统数据分析的最大本质区别是数据分析所得到的信息具有先前未知、有效和实用三个特征，即数据挖掘是发现那些不能靠直觉发现的信息或知识，甚至违背直觉的信息或知识，挖掘出来的信息越出乎意料越有价值。

（2）计算机数据挖掘的对象

计算机数据挖掘具有一定的针对性，计算机数据挖掘的对象（目标数据）并不是所有的数据，它是具有选择性的，计算机数据挖掘的对象主要是指企业中能够揭示一些未发现的隐藏信息和企业中比较有意义和研究价值的数据，明确这一点非常的重要，计算机数据挖掘的对象的选择性是影响计算机数据挖掘效率的主要因素，对于一个没有充分认识计算机数据挖掘对象的选择性的企业来说，它的计算机数据挖掘的效率会比成熟的计算机数据挖掘的企业或者是充分认识到计算机数据挖掘的对象的选择性的企业要低得多。同时，明确目标数据的类型也非常重要，它直接决定了要使用的数据挖掘技术和方法，大体上数据类型分为三类：记录数据，给予图形的数据和有序的数据。

2. 数据挖掘的价值实现难点分析

数据挖掘是数据库中的知识发现，从知识发现到知识应用，再到价值评估是一条数据挖掘价值变现的过程，虽然数据挖掘的重要性毋庸置疑；但事实上其转变商业价值之路仍有较多困难。

（1）知识发现

知识发现是这条路的始端，直接决定了最终价值的高度。挖掘的方法是通用的，但难度不在挖掘技术，而在于实施人员对数据业务的理解，在于数据的质量。实施人员必须清楚地知道数据回收的场景和原理，稍有缺失，都会影响知识的质量度。

（2）知识应用

发现知识，只是迈出了第一步，需要将相关的知识发现交给业务部门进行运营使用。不管是以甲方公司还是乙方公司的形式存在，难点在于语言的翻译转发。数据挖掘的语言形式是概率形式，例如，“连续三天内在站内搜索超过 10 次，浏览搜索结果相关页面 20 次以上的用户最终购买概率为 42%”，因此需要实施人员深谙运营知识，将挖掘结果语言转化成运营结果语言，最终成为友好的商业运营智慧。应用的过程还需要及时跟踪、分析、调整，毕竟市场是多变的，分析与执行就像左脑和右脑，两者距离的远近，影响结果的优劣。

（3）价值评估

数据挖掘的效果评估决定最终的话语和地位。从结果来看，如果结果有效，如何界定是知识有效还是执行有效；如果结果无效，如何界定是知识无效还是执行无效；如果知识有效，如何界定是通过挖掘发现还是已知发现。如果不能很清晰的界定，数据挖掘的存在价值都会大打折扣。曾经有个笑话，“通过我们海量数据发现，中国的15~20岁的男性网民最喜欢使用QQ即时通信工具”，这样的知识发现虽然是个笑话，但在现实行业里是个不争的事实。数据挖掘的价值应当是显现的、直观的、令人信服的，不在于挖掘的技术多么高深，而在于整个体系的搭建和成果的展现，做得再好，看不到效果，都等于无效。

3. 计算机数据挖掘的技术方法、应用领域及挑战

（1）计算机数据挖掘的技术

计算机数据挖掘有很多的专业技术，我们来简单介绍一下主要的计算机数据挖掘的技术：第一，计算机数据挖掘的统计技术。统计是计算机数据挖掘必不可少的技术，在数据清理过程中，统计提供数据发现极端值；第二，人工智能技术。人工智能技术是近些年来新兴的计算机数据挖掘的技术，它在数据挖掘中的应用比较广，它可以对数据进行推断和智能代理，是计算机数据挖掘的重要技术；第三，决策树方法。决策树方法是代表决策集合的单杆结构，它具有一定的分类规则，有一定的预测作用，是计算机数据挖掘的主要技术之一。

（2）计算机数据挖掘的方法

随着近些年数据挖掘技术的广泛使用，数据挖掘的方法也在不断地进步和完善，现阶段主流的数据挖掘的方法有分类、关联规则、聚类分析等。分类是找出一组数据对象的共同特点并按照既定的分类模式将其划分为不同的类别。关联分析是描述数据之间所存在的关联规则，即根据一个事务中某些项的出现可导出另一些项在同一事务中也出现，即隐藏在数据间的关联或相互关系。聚类分析是把一组数据按照相似性和差异性分为几个类别，使得属于同一类别的数据间的相似性尽可能大。

（3）计算机数据挖掘的应用领域

计算机数据挖掘最大的应用领域就是商业领域，它能够为商业机构提供欺诈侦查和客户市场分类等数据。在这个高速发展的信息时代，网络是商业发展的主要推动因素，我们要使计算机数据挖掘在商业上的应用领域更广。以下是近些年来计算机数据挖掘的主要应用领域：第一，计算机数据挖掘在我国银行领域中的应用，银行是一个数据集中度和数据处理要求均非常高的领域，对于一个银行来说，每天都要面临着海量的数据，这些数据的挖掘分析对于银行来说是其发展的根本所在；第二，计算机数据挖掘在电子商务中的应用。电子商务是网络高速发展的产物，对于电子商务而言，海量数据的挖掘分析成为电子商务未来发展的保证，因此，计算机数据挖掘在电子商务中的应用得到了快速的发展。

（二）大数据时代探究机器学习

1. 大数据时代和传统时代的机器学习

业界对大数据的特点进行了系统化归纳，由“4V”组成：数据量大（volume）、种类繁多（variety）、数据价值密度低（value）、实时处理数据（velocity）。正是因为上述的

四个特点，大数据时代下的机器学习才更值得研究。当前，大数据时代成为一个热门话题，所谓的“大数据”指的是数据繁多复杂、自然产生没有规律以及不够精准的数据。大数据带给机器学习的难度不仅仅表现在数据量大而导致的计算困难，还因为需要从不同的地方获取不同的数据，由于这些数据都散乱地分布在不同的地方，而且即使数据与数据间有着某些关联，可是也不能满足所有的条件，而且由于数据比较分散，我们无法将数据进行统一整理学习。传统的机器在学习理论知识和推算方法的时候都需要保证数据的独立性，一旦这个条件无法满足，机器学习模型和计算能力就无法发挥用处。

大数据除了给机器学习带来计算方法上的问题外，也会给机器学习带来机会。当今社会，是处处都彰显大数据信息的时代，一旦某个区域的信息量过大，数据空间就会变得密密麻麻的，如果将这些信息进行分类，就会得到有价值的信息。

2. 常见的机器学习技术

受到信息化社会的影响，人类将如何实现机器学习，确保学习的科学性和合理性作为首要目标，于是，相关技术人员需要合理应用技术，加强机器学习手段，对机器学习有着更加明确的认知。

（1）监督

监督学习主要是以提前设定的学习要求为基础，例如，数据按照精准度分类，避免数据出入较大。针对机器学习在学习模型时候的相关参数数据，相关人员可以合理地使用科学手段，加上合理的计算方法进行调整，最后得到一个比较好的模型。在此基础上，对数据比较新鲜的案例进行标记分类，进一步做出科学的判断，从而计算出标记内的概率分布。一般来说，模型学习主要分为：贝叶斯分类器、决策树、逻辑思维回归、神经网络以及支持向量机等。因此，在整个学习的过程中，需要适度使用数据分析和数据优化的功能。例如，在支持向量机里面对数据二次优化处理，而神经网络不一样，它所采用的是梯度优化的方法。

（2）无监督

什么叫无监督学习，也就是说从大量的数据中没有得到有用的信息，在将该项学习用于特征处理时，不用对监督信息进行处理，这与数据的密度息息相关。例如：在分散式的分布数据中取样分类，从而找到分布的规律和完成采集样本的工作。该项学习主要表现在数据寻找工作上，在此过程中，面对不同的问题，数据所体现出来的含义存在差异。开展无监督学习，常见的数据分析方法是聚类分析，一般来说，就是从数据本身的特点进行分类，让复杂的数据形成多组。在具体的操作过程中，给数据科学筛选相似度是极为关键的环节，在此期间，还包括寻找数据的相似度以及数据之间距离的度量。

（3）半监督

何为半监督学习，指的就是新兴的机器学习技术应用在以往较为传统的计算机的缺点上。通俗来说，就是传统的计算机在处理数据的过程中，一般都会通过错失某些数据来处理未被标记的数据，该项措施最大的弊端就是容易丢失有效信息，该项学习手段也视为无监督学习，而监督学习是处理已经标识出来的数据。所以，半监督学习处于两者之间，能够有效地处理具体的标识数据，同时处理未标识的数据，重新整理分析，进而从未标识的数据中获取到有利用的数据，确保数据的最大使用率，避免造成数据的损失和浪费。尤其是在当今社会，信息时代的快速发展下，数据库的信息量大到让未标记的数据远超出了标识数据，如果不进行数据整理分类，将会损失很多有效的数据信息。

（4）强化学习

强化学习，主要体现在智能学习方面，也就是以学习环境为基础，根据不同的反馈信息选择不同的技术手段，从而完成学习任务，在最大程度上优化学习技术。在此过程中，延迟和试错搜索最为关键。以马尔科夫决策理论的全过程为基础，是否智能取决于 MDP 模型知识的学习，从而更好地提高学习效率，MDP 模型的学习主要是计算相关模型和无关模型两个方法。

（5）整合学习

整合学习，顾名思义，就是将整个学习系统上不同的学习手段整合在一起，不断优化原先的学习系统，扬长避短，坚固学习架构。通俗来说，就是“团结就是力量”型学习手段。无论是人工操作，还是机器自动学习，都是工作开展的基础，独立学习的系统内部有着巨大的能量，但还是不能与整合后的学习系统相比较。不同的机器下的使用学习，分析出来的数据既能够跟上数据时代的潮流，也能应对当下的数据问题，还能推动机器学习模拟人类的发展趋势。

3. 机器学习现下的发展趋势

（1）提高泛化能力

在机器学习期间，只有经过有效的学习，才能得出更好的方案，让机器学习能够被广泛应用，从而完成相关工作。在此基础上，泛化能力将成为机器学习未来发展的方向，同时也是较为常见的问题。不管是何种行业，在应用机器学习的时候，都需要不断提高机器学习的泛化能力。目前来说，支持向量机自身带有极高效率、综合数据能力强的特点，所以在一定的时间内，能够快速综合理论知识点。

（2）提高学习效率

信息时代的发展，不管是数据产生的速度还是数量，在一定程度上已经最大化发展。当机器学习被用于不同岗位的时候，工作人员首先要考虑的是如何提高学习的效率问题，同时，还需要定期检查机器学习的技术能力是否满足当下的时代发展。在评估计算机计算速度的时候，主要是评估训练速度和预测速度，两者看似毫无关联，实际上不可分割，前者指的是优化数据从而获得更好方案的速度；后者反之，在最佳方案上进行演算，从而提高计算速度，如果相关人员能够高效地将两者融合，定能在计算速度和最佳方案上争取最短的时间，为后续的机器学习提供有价值的参考资料。

（3）提高知识的理解性

对于机器用户而言，机器都是在幕后开展计算工作，用户只需要输入对应的参数指

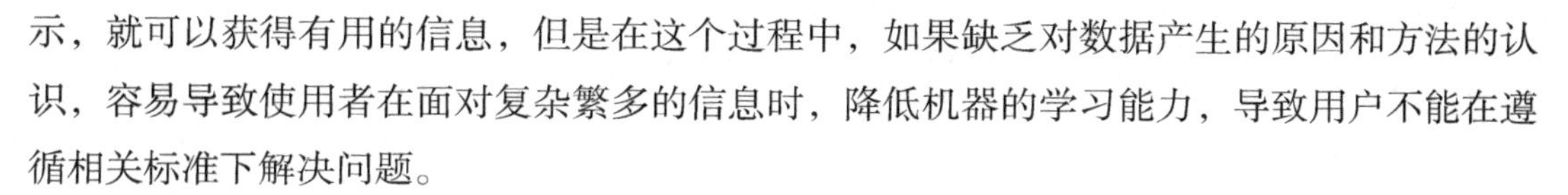

示，就可以获得有用的信息，但是在这个过程中，如果缺乏对数据产生的原因和方法的认识，容易导致使用者在面对复杂繁多的信息时，降低机器的学习能力，导致用户不能在遵循相关标准下解决问题。

（4）提高计算能力

在以往的机器学习过程中，都是将已经标记出来的数据进行处理，但是随着我国网络科技的不断进步，数据分析手段也在不断创新，未被标记的数据容易给各个行业带来一定的干扰和挑战。例如：在医学上，关于医学影像的资料或者垃圾信息。同时，有些行业的噪声大，干扰信息比较多，容易受到不一致的垃圾数据的干扰，从而给相关从事人员带来不好的影响。在机器学习的过程中，相关工作人员需要科学合理地应用未标识数据，在相关数据下能够高效处理垃圾数据，从而保证数据的使用率。

（5）提高处理能力

大数据时代下，利用机器学习计算分析大量烦琐的数据，那么，如何降低机器学习计算中的错误率是当前需要解决的问题。当各行各业和对应学科出现失误的时候，每个时代都有不同的数据忍耐度，就算是同一个行业或者同一个学科中的判断失误，所出现的数据价值都是存在一定差异的。例如，当小偷入室抢劫的行为发生的时候，系统会误以为是业主回家，反之，机器将业主回家的行为判定为是小偷入室抢劫等情况，虽然事情是一样的，但是两者产生的价值信息是有很大区别的。所以在我国以往的机器学习中，要综合考虑同等事件下的同等价值问题，在以后的某个时间段里，需要高效地处理类似的这种敏感性价值问题。

第五章

云计算技术在计算机大数据应用中的运用

第一节　云计算技术实现云储存服务

现在储存不再像传统的储存方式那样，需要专门购买独立服务器和储存设备才能进行储存，不仅储存起来不方便，而且存在安全隐患，今后再使用起来也非常不方便，有很多问题和缺陷需要去解决，而且在空间上也有上限，储存时间也非常慢，存在太多的局限性。而大数据时代的网络环境下就避免了这些麻烦，直接利用云计算技术使用云储存这一模式。如今云储存服务已经在各个行业中都应用了起来，只要有网络的情况下，用户就可以通过利用网络终端设备，如计算机、手机、平板电脑等，对云储存中的数据信息进行随时查看、下载和上传，云储存通过云计算技术对各类信息进行储存和分类，帮助用户对数据信息进行详细的划分，储存资源也非常广泛，功能强大，在互联网中为用户建立了一个巨大的网络数据库，用户在大数据环境下使用起来更加方便高效，帮助用户节约了时间，让用户可以随时随地利用网络终端设备对数据信息进行使用。

一、存储系统中云计算技术的应用优势

构建科学化的云计算技术存储系统需要全面分析存储系统云计算技术的多方面优势，充分了解其基本情况，从而根据具体信息构建针对性且合理化的云计算应用方案，实现存储系统发展及信息技术进步的根本目标。结合存储系统中的云计算技术基本工作模式来看其具备以下四方面的优势特点。

其一，可以有效实现硬件冗余故障自动切换目标。云计算技术存储主要以分块文件的构建方式来实现副本建立目标，继而通过服务器进行存储。这种存储方式的应用可以充分避免传统文件存储模式中由于硬件损坏而造成的文件或资料丢失的问题。使用系统自动读写方式可以通过其他服务器准确找到相关存储资料，不仅安全性较高，同时其使用效率达到有效提升。

其二，存储系统中的云计算技术具体应用过程中不会出现设备升级及更新等导致服务中断的问题。存储系统中的云计算技术的应用不依靠单一化的存储硬件，当出现存储硬件升级等问题时，会将原有的存储资料准确迁移至新的服务器中，并不受其影响。

其三，存储系统中云计算技术的不断发展和进步不受到物理硬盘的容量所限制。同时存储系统的云计算功能可以突破传统硬件存储的单一化弊端问题，可以通过不断增加服务器的方式进一步拓展存储量。这种云计算存储方式的空间十分强大，是传统存储方式无法企及的目标。

其四，存储系统中的云计算技术具备较强的均衡负载优势，在多台存储设备同时运行的过程中，云计算技术的完善应用可以将相关文件及资料进行合理分配，避免单一的存储服务器由于存储负荷过高而造成空间不足的问题。

二、存储系统与云计算的基本概念及关系

在运用存储系统中的云计算技术过程中，要对其具体概念与关系进行全面分析，保证存储系统中的云计算技术应用与实际发展需求相一致，同时可以充分突出存储系统与云计算技术的关系。云计算技术主要是通过分布式处理及并行性处理等多种信息数据处理模式将巨大的数据计算处理程序以多个小程序的形式呈现，继而通过多部服务器逐层系统将相关信息进行处理及分析，由小程序获取结果返回用户。云计算技术的应用可以在极短的时间范围内完成多个数据的处理工作，从而体现网络服务的高效性特点。云计算存储系统主要是在云计算基础之上延伸构建的科学化且高效性的信息存储管理体系。当前存储系统发展过程中已经完全突破了传统存储模式的不足问题，可以将网络数据库中的大量数据信息进行综合整理，通过特殊架构进行整合分析，提升存储效果。而存储系统与云计算之间有着十分密切的关联性，通过云计算技术的应用可以全面提升存储系统的应用效果，将原有的存储系统更新发展为云计算存储体系。这种形式的完善发展对于数据管理及数据安全性能的提升有着极强促进作用。除此之外，存储系统与云计算技术的更新及结合，可以全面提升信息数据及相关资源使用的灵活性，将虚拟化数据管理模式进行进一步完善，从而充分体现云计算存储模式的全面性及安全性。

三、云计算中数据存储安全关键技术

（一）云存储的定义

云存储是在云计算定义上的延伸和发展。云计算是分布式技术、并行技术和网格计算技术的发展和综合应用，是通过网络将庞大的计算处理程序自动地分析成无数个较小的子程序，再交由服务器所组成的庞大系统，经计算分析之后将处理结果回传给用户。通过云计算，网络服务的提供者可以在数秒之内处理大量信息，实现强大的网络服务。云存储的定义与云计算相似，通过云计算的相关技术，将各个地区的存储设备集合起来协同工作，提供数据存储服务，由此可见云存储是云计算技术的一种应用。一般来讲，当使用某一个独立的存储设备时，需要知道这个存储设备的型号、接口协议、文件访问方式、有多少磁盘容量等，需要知道存储设备与服务器之间采用何种方式连接，为了保证数据的安全性，还需要对设备数据建立备份和容灾。另外，还要定期对存储系统进行监控、维护各个相关设备、软硬件更新升级等。

（二）云存储系统架构

云存储系统与传统的存储系统不同，它不再是一个服务器、存储设备、应用软件，还包括访问接口、系统中的各种算法、存储虚拟化等多个部分组成一个庞大的系统，一般来讲只有具备一定资金实力和硬件支持的公司才能建立这样的系统。云存储系统架构由四部分组成，自上而下分别是访问层、应用接口层、基础管理层、存储层。

1. 访问层

访问层相当于系统的一个窗口，被授权的用户通过这个窗口享受云存储所带来的服务，例如，个人空间服务、企事业单位数据备份服务、数据归档服务、视频监控服务等，当然不同的运营商，所提供的访问类型、登录方式和提供的服务也是不相同的，那么访问层的设计也是千差万别。

2. 应用接口层

应用接口层相当于系统中的一座桥，它是连接基础管理层与访问层的一座桥梁，开发者可以根据用户的需求开发出不同的应用接口，如针对安防系统开发的视频监控接口、针对网络存储数据开发网络硬盘应用平台接口、针对数据备份开发的远程数据备份应用接口等，此部分设计比较灵活，而且在这层可以通过用户认证、权限管理、数据加密等技术对用户的数据进行简单的安全保护。

3. 基础管理层

基础管理层相当于系统的心脏，也是整个云存储系统的灵魂，云存储中主要的技术都应用在此层，开发者通过分布式系统、网格计算、集群系统、内容分发技术、数据加密、数据备份、数据冗余等技术，实现云存储系统各部分协同工作，使系统中存储层的各个存储设备提供相同的服务，并且需要不断地改进更新优化这一层，提供更好更优的服务。

4. 存储层

存储层相当于系统的仓库，是存储系统最基础的部分。公共平台上的云存储系统的存储设备分布在不同的区域而且数量庞大，开发者通过互联网、广域网或者光纤通道网络技术将各地的设备连接起来共同存储数据，存储设备可以是磁带、光盘、磁盘等介质。存储设备上有统一的存储设备管理系统，可以实现对硬件的状态监控和维护升级，以及存储集中管理和存储的虚拟化管理。

（三）云存储中的安全隐患

云存储突破了传统存储方式所带来的容量瓶颈和性能劣势，能够实现规模效应和弹性扩展，降低运营成本以及避免资源的浪费。然而数据是通过网络传输数据，用户无法对其中的危险进行控制，云存储自身的特点也决定了它的一些技术方面存在的一些安全问题，具体安全问题如下。

云存储聚集了大量的用户和重要的数据资源，所以也更容易吸引黑客的攻击。当用户通过网络传输数据，在传输过程中，如果受到攻击，如流量攻击、植入病毒、攻击服务器等，那么数据很容易被窃取、破坏和篡改，其造成的影响范围更大，后果更严重。

云存储这种信息的服务模式将资源所有权、管理权以及使用权进行了分离。对于公共的服务平台，用户失去了对物理资源的直接控制，会面临着与云存储提供商协作一些安全问题的情况，如果用户退出某个运营商的服务，那么不完整和不安全的数据删除会对用户的利益造成一定的损害。此外，如果服务供应商破产了，那么债权人也许会用设备作为抵押的资产，他们不会关心设备上存储什么数据，用户的利益也同样受到了损失。

传统的基于物理安全边界的防护机制难以有效保护虚拟化环境下的用户应用和信息安全。另外云存储系统主要是通过虚拟机进行计算，一旦出现故障，如何快速定位问题所在也是一个重大的挑战。

云存储中数据存储的安全性还包括最终数据存放位置，例如，一些自然灾害或者人为的灾难发生时，比如停电、地震等带来的服务终端或者存储设备遭到破坏，那么如何保证数据的完整性、可用性、可恢复性以及服务的可执行性，也是一个重要的问题。

（四）云存储中安全关键技术

1. 云存储中安全的关键技术类型

公共云存储是专为大规模用户设计，由服务商提供运行，所有的组件都设置在用户端的防火墙外部，放在一个共享的基础设施里，并且是逻辑分区、多租户的，可通过安全的互联网连接进行访问。公共云存储系统能为每个客户提供数据隔离、需要可用的归档内容到数据备份以及灾难性恢复数据。客户可以根据自己所在的位置或者价格选择合适服务，公共云用户不需要物理存储硬件或者任何特殊的内部技术。

私有云存储往往需要建立在公司的防火墙后面，即建立在私有的环境中，如企业、政府等，使用公司所拥有或授权的硬件和软件。如果拥有一些服务器和存储器，并将其连接在一起作为一个区域资源池运行，形成了私有云。一般由云存储服务商帮助企业搭建私有云存储系统，然后公司所有的数据保存在内部并且被内部 IT 员工完全控制着，这些员工可以集中存储空间来实现不同部门中的访问或者被公司内部的不同的项目团队使用，无论他们的物理位置在哪。

合云是扩展至公有云的私有云，大多数是指私有云搭建好，但是很多数据资源不够用，还需动态地在公网上申请公共云作为私有云的补充，即混合云用户除了可以利用自己的既有资源，也可以利用公共云服务。存储系统的用户可以管理本地和外部资源，用户可以根据实际情况决定数据被移动到云的哪一部分，将重要的数据放入私有云中，不太重要的公共数据放到公共云上。

2. 数据加密技术

在通信上，数据加密技术在其三个层次上实现应用：链路加密、节点加密以及端到端加密。链路加密能够保证传输数据的安全，所有的数据在传输之前进行加密，在下一个节点对接收到的数据先进行解密然后使用另一个密钥加密，再继续传输，如此下去，直到最后一个节点，由于每经过一个中间传输节点都要对数据加密解密，所以在传输过程中数据以密文的形式出现。这种方法在网络环境中使用，由于在节点上是以明文的形式存在，所以得保证所有节点是安全的，否则会泄露内容；节点机密与链路加密相似，也是在节点上先对数据解密然后加密，但是节点加密要求报头和路由信息以明文的形式传输，便于中间节点能得到处理数据的信息，这样对于攻击者分析通信业务来说是脆弱的；端到端加密与前两种应用不同，使传输的数据在从传输起点到终点都是以密文的形式存在，数据在传输时不进行解密，所以不需要要求所有节点都是安全的，只要起点和终点安全，与前两种方法相比，端到端加密更可靠也更容易设计和实现。现在，加密技术已经比较成熟，大部分加密算法还是靠复杂的数学方法保证加密的强度，这容易影响到网络的性能，需要建立专用网络设施。

3. 云存储系统的加固技术

数据备份是指为了防止出现操作失误或者设备故障，将数据集合从主机的硬盘复制到其他存储设备的过程。如果主机出现故障，则其他存储设备就会代替主机，使系统继续工作。目前常见的备份方式有定期磁带备份、远程数据库备份、网络数据镜像备份以及远程镜像磁盘备份等。定期磁带备份是指将数据定期地传送到远程备份中心制作完整的备份磁带，即将磁带作为长期存储数据的存储介质，要求在系统与磁带库之间建立通信线路。远程数据库备份是指在备份系统中建立一个重要数据库的镜像拷贝，利用通信线路进行日志传输，将这些数据库日志传输到备份系统中，保证备份系统中的数据库与系统中的数据库中的数据保持同步性。网络数据镜像备份是指通过对系统数据库数据和重要的数据与目标文件采取跟踪，同时对所产生的操作日志采取网络实时传送的方式传送到备份系统中，然后备份系统根据操作日志更新备份系统的数据，保证备份数据与系统数据的同步性。远程镜像磁盘备份是指通过磁盘控制技术和高速光纤通信线路将镜像磁盘配置于与系统较远的地方，镜像磁盘和主磁盘中的数据都保持着实时同步或者实时异步的方式。

4. 异常流量监管技术

云存储系统中的数据是通过网络进行传输，所以常常会有流量型攻击、应用层攻击以及各种病毒感染数据。流量攻击是指用大数据、大流量等方式来击垮网络设备和服务器，故意制造大量无法完成的请求来快速消耗服务器资源，使受害的主机或者网络无法接收并处理外界请求，降低服务的效率。具体的表现方式有：通过制造大量无用的数据，造成网络阻塞，使主机无法与外界通信；利用被攻击的机器提供服务或者传输协议上重复连接的缺陷，反复发出重复服务请求，使主机无法处理正常的请求；利用主机提供服务程序或者传输协议本身缺陷，反复发送攻击数据引发系统错误地分配大量系统资源，使主机处于挂起状态或者死机。对于异常流量，完全杜绝目前是不可能的，但是可以做到抵御大部分，如果适当地采取措施加大攻击者的攻击成本，那么有可能使得攻击者无法继续攻击而放弃。通常采用协议格式认证、流量统计、会话清洗等技术对异常流量进行清洗和过滤。网络中的病毒其实就是一个程序，一般都是自动执行或者在一定条件下执行（双击、定时等），执行病毒程序就会按照程序的指令进行相应的数据删除等一系列工作，造成电脑软件或者硬件损坏。对于病毒的防治主要采用 DPI 技术进行检测，其主要原理是事先采集恶意程序样本，提取出相应代码的特征，然后放到 DPI 库中，并不断地更新。网络设备通过检测网络中的代码是否与 DPI 库中的代码相同来确定是否是恶意病毒，如果是就采取相应的措施将病毒清除。如果将来真正的进入云时代，用户的数据放入服务商提供的资源池中，实现资源共享，对于DPI库也会更新最新的恶意病毒，所有的用户系统中都会有同一个最新的DPI库。除此之外，云存储系统还可以通过用户认证、权限管理等安全措施来确保整个系统的安全性。

云存储是近年发展起来的一种新兴技术，是在云计算概念上延伸和发展出来的一个新的概念。云存储系统是将分布式文件系统、网络技术、集群应用到云计算中，因此也就拥有这些技术的优点，如内聚性、透明性、灵活性、可扩展性等，也因为其是集中式的数据管理，克服了备份困难的缺点，使数据更加可靠。本文主要介绍了云存储的定义、组织架构以及目前解决云存储中安全问题的关键技术，对今后的相关理论研究具有极大的指导作用。

四、存储系统中云计算技术的应用策略

（一）运用带内虚拟化数据管理模式

以云计算技术为核心在应用存储系统的时候应当结合带内虚拟化数据管理模式实现数据路径上的虚拟化功能及服务目标。此种数据管理模式的主要应用重点在于通过异构存储的方式进行系统整合，以此达到统一化数据管理的根本目的。同时，可以在数据管理过程中充分利用复制、镜像以及CDP等多种数据管理功能提升管理效果。带内虚拟化数据管理模式在云计算存储系统发展过程中有着非常全面的优势，其中服务器及存储设备的兼容性较强便是主要优势所在。这便意味着虚拟化数据管理及存储工作可以充分保证其安全性及灵活性。带内虚拟化数据管理模式的应用可以充分体现虚拟化和数据管理功能的发展目标，可以在不占用硬件及主机资源的情况下完成数据文件的管理。

另外，带内虚拟化数据管理模式的发展具备丰富的数据管理功能，同时其中的配置比较简单易于实施，是其他存储模式无法企及的。其与传统的信息及资源存储模式相比较来看，云计算技术存储系统的发展重点不仅在于硬件方面，更为重要的是可以充分结合网络设备及服务器等元素促进数据及程序的整合及应用。因此，在应用云计算存储系统过程中应加强带内虚拟化数据的管理，全面提升云计算存储系统的应用效果。

（二）加强带外虚拟化数据管理

在以云计算技术为核心的存储系统发展过程中，应加强带外虚拟化数据管理方案的应用，这将会全面提升数据管理效果。其与一般形式的存储设备有着一定的差异性，可以充分实现数据复制目标，同时可以在虚拟化的设备发生故障时避免影响整体系统运行效果。但是带外虚拟化数据管理模式存在一定的问题，其资源占用较大、缺乏完善的数据管理功能，同时其主机及相关存储系统需要以严格的兼容性作为核心条件，这为数据初始化的同步工作带来了一定的影响。此外，带外虚拟化数据管理模式具备较强的高性能及高拓展性特点，可以有效实现海量存储的根本目标。因此，在进一步完善带外虚拟化数据管理方案的过程中，可以通过加强元数据持久性的方法促进其实现数据管理目标。同时在存储系统中以云计算为主要发展方向的具体方案及策略设计期间，可以加强带外虚拟化数据管理方

案的构建，提升数据管理工作效果。

（三）拓展可取回性证明算法

在应用云计算技术的过程中，可以通过应用拓展可取回性证明算法保证云端数据的完整性，同时通过高效数据管理模式准确分析和判断云计算工作中的定位错误因素，以此完成深入分析及探讨发展目标。在应用可取回证明算法的过程中，充分融入冗余纠错编码的概念，这与以往的数据计算及管理模式相比较而言具备更强的效果，可以充分保障云计算数据状态，同时在相关云端数据得到相应数据之后针对数据安全状态进行验证和分析。在此过程中，如果相关使用者无法通过验证，相关文档将会遭到损坏，可以结合既定的恢复程序进行尝试性恢复。需要注意的是，在以拓展可取回性证明算法为核心的云计算存储模式应用过程中，应当结合数据分析的错误因素进行全面探究，充分利用编码冗余的方式将相关数据及文件进行修复，同时提升文件提取效率。因此，存储系统中云计算技术的应用过程中结合拓展可取回性证明算法提升云计算技术应用效果，更是保障存储系统完善性的关键因素。

（四）构建云端信息加密算法

数据加密技术是存储系统中云计算技术应用的重点，同时是全面保障云计算环境安全性的关键因素。在以往的网络信息及相关技术构建工作中加密工作便是十分重要的发展方向与工作内容所在，其主要以密钥等方式作为基础与核心，以此保障相关数据的安全性。在现代信息技术不断更新及网络环境逐渐复杂多元的背景条件下，以存储系统为核心的云计算技术运用过程中应当全面提升云计算模式的安全性，利用更加新颖高效的加密算法提升其安全性。对此，可以充分构建云端信息加密算法，这种加密模式的应用可以全面弥补传统单一化对称算法及非对称算法的不足问题，从而全面提升其安全性。与此同时，云端信息加密算法的应用对于信息传输效率及管理工作效果的提升有着较强促进作用，不仅其加密及解密性能得到进一步提升，同时其算法更加简便。在此过程中，完善的运算信息加密算法设计可以结合用户端进行分析，完善构建数据及信息的伪装、标记及隐藏模块，以此提升数据管理的安全性。不同模块的具体运用存在一定的差异性，其功能有着较强的区别，在具体运用过程中应当充分掌握其基本功能，并以相互配合的工作模式全面提升云端信息技术加密效果，以此完成安全存储的发展目标。因此，存储系统中的云计算技术发展中构建科学、新颖的云端信息加密算法，是全面提高数据管理水平的有效措施。

（五）完善云端 RSA 技术应用模式

云计算技术在存储系统中运用过程中具备较强的计算能力，可以在实际运行中将云端数据进行全面整理，继而通过数据加密的方式避免云端 RSA 数据消耗。完善的云端 RSA 技术应用过程中要以全面的流程和完善的计算体系作为基础与核心。

首先，可以充分借助系统的指引作用针对相关操作用户设计具体 haul 的 RSA 公私密钥。这种方式的运用可以在密钥使用过程中结合相关科学化的加密算法进行数据处理，同时将密钥进行同步上传，在保障其安全性的同时提升其灵活性。

其次，完善云计算技术过程中，相关用户可以充分结合自身基本需求运用针对性的数据分析及信息存储模式提升资源管理效果。以应用比较广泛的百度云网盘存储模式为例，其在具体应用过程中，具备完整化的云计算存储体系，可以充分体现云计算、大数据及人工智能模式的优势，利用针对性的存储方式及计算方法实现安全、高效及智能的数据分析及管理目标。另外，以完善云端RSA技术应用模式为核心的云计算技术应用过程中，可以充分借助分布式数据存储技术进行资源管理，这种分布式资源管理模式的完善可以将传统网络存储系统的数据进行集中整理和管理，以此提升数据信息应用效果。因此，完善云端RSA技术模式是全面提升存储系统云计算工作效果的有效措施。

（六）强化数据备份及恢复技术的应用

数据备份及信息恢复始终是云计算存储系统的重要发展方向与主要探究内容。传统的信息数据备份及数据恢复技术已经比较完善，但是缺乏云计算的辅助作用，这将会影响整体数据管理效果。在此背景下可以充分利用云存储技术强化数据备份及恢复技术的应用，以此保障信息管理的安全性。对此可以分别对网络安全、服务器安全、系统安全等多方面进行全面化分析，保障云计算资源的进一步拓展，同时达到数据备份及恢复的根本目标。

此外，通过云计算管理平台进行数据备份和信息恢复与传统的数据管理模式相比，前者具备更加全面的优势，可以在保障个性化发展需求的同时满足不同场景下的信息数据恢复备份目标，其可以通过云端进一步强化数据备份效果。因此完善云计算存储系统是强化数据备份及恢复技术的有效措施与重要条件。

（七）重视纠删码及编解码技术的应用

在以网络信息发展为核心的云计算存储系统完善过程中，应重视纠删码及编解码技术的完善及更新。为了全面提升云计算存储系统应用效果，可以通过更新纠删码及编解码技术的方式完善云计算存储工作模式。在此过程中需要对传统纠删码技术的优势及不足进行全面分析，保障数据模块与实际矩阵之间的运算并行，这样不仅可以全面提升云计算环境构建效果，同时可以在完善的存储系统运用过程中进一步达到安全存储及信息管理目的。

除此之外，这种信息管理模式具备较强的大规模数据管理能力，可以利用高效管理方式将海量数据进行特定检索与分析，结合科学的编解码技术保证其安全性。

第二节　云计算技术实现信息安全

在如今的大数据网络环境下，因为数据比较庞大，每个数据之间都会存在一定的相通性，它们之间都是互相有联系的，数据之间也存在相互关联和相互影响的情况，这样就可能导致在数据信息安全方面会存在隐患。那么，除了利用云计算技术来处理数据以外，对数据的安全管理也是非常重要的一个方面。由于在大数据的网络环境下，对数据的使用和调取都是非常方便的，数据也进行了详细的分类，每类数据都是一个集群，在云计算技术和云储存技术为大数据应用搭建了一个良好环境的同时，自然就避免不了网络木马和病毒的影响和侵入。在如今这个开放性的网络大数据时代，网络安全隐患是时刻存在的。因此，在云计算技术发挥强大处理数据优势的同时，还要为大数据信息去提供一个安全的网络环境，来保证数据信息的安全，防止被有心之人盗取和破坏。虽然我国的网络信息技术是近几年才开始大力发展的，但是由于大数据的便利性和发展速度之快，网络技术已经渗透到了我国的各行各业，所以对大数据信息存在的安全隐患一定要重视起来，要将网络安全工作做到位，保护好用户的数据信息。

一、信息安全防护的重要性

随着互联网技术的发展，在很多方面改变了人们生活习惯，当下出门办事，只需要带一个手机就可以，人们可以通过手机购买商品、预订酒店、出行支付费用等，越是在使用互联网给人们带来便利的情况下，网络信息安全的防范工作就有着不可忽视的作用。大数据分析的相关技术，通过加快信息之间的传播，提高数据处理的效果。同时，也给我们生活带来一定的安全隐患，目前网络信息安全的隐患普遍存在，在一定的程度上威胁了信息安全，甚至侵犯到人们的隐私方面。因此，为了确保信息安全应该做好安全防范工作，提高信息防范意识，营造信息安全环境，从而提高信息安全的防护效率。

二、信息安全风险存在的因素

（一）网络技术漏洞

从技术漏洞层面来看，大数据信息安全问题主要表现在，互联网飞速增长给网络带来一定的安全隐患，然而目前的信息安全防护技术，只能确保当前的信息的安全，在一定的程度上加大了信息安全的风险系数。其主要原因有以下两个方面：一方面是网络安全防护。随着网络的发展，目前的网络信息安全防护技术没有相对应的提高，造成了现有的技术已经满足不现在的需求了，暴露了信息安全防护的漏洞，使网络不法分子有可乘之机，给网络安全带来很大的安全隐患。另一方面，就是网络实时监控方面。当下不仅是网络信息安全防护工作存在滞后性，就连当下的网络实时监控技术也存在一定的欠缺，很多不法分子利用互联网没有实时监控，对其网络进行攻击窃取了重要信息。例如，在网络市场上贩卖关键信息，造成了一些企业在经济上巨大的损失。

（二）黑客攻击

从计算机角度出发，黑客攻击在一定的程度上加大了信息安全的风险。首先，由于大数据在数量上的庞大，以及大数据蕴含的价值，对于网络技黑客来说，大数据就是一个巨大的诱惑。由于大数据会被黑客攻击，所以大数据的信息安全也就存在一定的风险。另外，由于大数据的背景相对较复杂，大数据系统能够在较短的时间内把信息传播到更远更多的群体中去。网络黑客利用这现象，对现在的大数据系统发起了攻击，来凸显自己技术的高超，在一定的层面上也给大数据系统带来了一定的风险。大数据拥有的价值，以及大数据复杂的背景，也导致了大数据信息安全风险的加大。

（三）各个行业内自律性

由于互联网发展的速度过快，信息安全保护相关法律的缺失，导致信息泄露现象普遍存在。很多组织利用公司已有的大数据牟取私人利益，这种现象特别是在大企业中屡见不鲜。在实际生活中，很少有企业会自觉地遵守大数据保护的相关法律，加上当前在大数据的法律制度还存在一定的缺陷，大部分公司是根据自己企业的经济利益需求，来设定用户的信息安全的制度。甚至有些企业为了获取更大的利益，规定公司客户信息只要不外传即可，导致信息过度使用。另外，目前很多企业在大数据面前，缺乏对信息安全保护的自律性。导致企业内部的用户信息被盗卖，在一定的程度上影响群众正常生活。常见情况就有在公司成立时，会遭到很多财税公司的骚扰，在一定的程度上影响了公司法人的正常工作。

（四）个人信息意识

随着科技的进步，在一定的程度上促进了互联网技术的发展。人们可以通过大数据分析，在一定的程度上跟踪用户所有行为。利用互联网中的大数据对资料进行收集，从而对信息具体分析，可以准确地知道用户在什么时间做什么事情，例如：人们几点钟吃了什么、参加了什么活动、什么时间在哪家宾馆住过以及用户对食品的偏好等敏感信息，都是可以通过互联网的数据分析技术得知。因此，有不少不法分子利用大数据中的信息贩卖牟取利益，很少人会因自己的信息被贩卖而到处进行维权的，虽然说，自己在接到骚扰电话时，会有些愤怒。但事情过去之后很少有人会利用法律的武器进行维权，来阻止信息贩卖的现象发生。还有就是在用户自己也没有信息防护意识，特别喜欢在网络上分享自己的个人信息，或者共享自己的位置，以及自己将来要做的事情。导致用户的私人信息被用户主动泄露。不法分子利用用户在网络共享位置以及对用户将要去做的事情，制造一定的网络陷阱，以牟取经济利益导致用户经济受到损失。由此可见，用户个人信息意识的薄弱也是造成信息泄露的主要因素之一。

三、大数据分析在信息安全中的作用

（一）完善用计算机网络安全技术

目前，我国大部分信息都是通过电脑记录，因此计算机网络安全技术对于信息安全同样有着不可忽视的作用。目前，大数据分析技术能够在一定的程度上，保障计算机网络信息的安全性。通过大数据分析，根据之前发生的问题，培养出能够解决当前问题的信息安全防护专业人才，从而开展网络信息的安全性管理工作，提高信息安全防范工作效率，防止当前的网络出现病毒侵袭，以及能够抵御住网络黑客的攻击。由此可见，大数据分析能够完善计算机网络安全技术，保障信息安全。

1. 提升防火墙技术

目前，互联网信息安全防护工作，主要通过大数据分析，总结之前的防火墙被攻破的案例，利用之前的案例分析对计算网络安防进行加强，能很好地避免上次犯过的错误再犯，减少损失。同时，可以利用大数据分析技术找到之前的漏洞所在，从而方便网络安防技术人员更好的更改，在一定的程度上提高了相关人员的防火墙技术。同时要确保网络内部的操作过程足够安全，进而防范网络黑客入侵。

2. 提高了防病毒技术

当前，个人、企业办公及其他领域的文件都是在使用计算机，进行记录、编辑以及传播，计算机网络信息安全防护工作，无论是对于企业还是个人来说都有着至关重要的作用，尤其是在防病毒技术方面，确保计算机网络信息的整体安全。通过大数据对之前的病毒分析总结，能够让相关人员在设置计算机网络杀毒系统过程中具有一定参考，进一步降低病毒侵袭的概率。可见，大数据分析能够在一定的程度上提高防病毒的技术，从而提升计算机网络的安全性。

3. 完善网络监控管理制度

要想提高计算机网络信息的安全性，就应该完善网络监督管理制度。借助大数据分析技术完善网络监控管理制度，加强网络系统实时监控，并且完善相关管理制度。通过大数据分析，能够对之前的监控具体分析，总结之前问题出现较多的地方，从而更加准确地对之前出现问题的地方进行加强，从而完善网络监控管理及制度。同时，能够根据上次漏洞，完善之前在监控上的不足点，从而更好地服务的网络安全。

（二）提前预测风险

由于互联网技术应用广泛，已经渗透在人们生活的各个领域。现代化科技的应用，加快了智能信息化转变，简单地说，事件发生的概率都可以通过大数据分析得出。比如，大数据分析技术能够准确地判断事情的变化趋势，或者通过大数据分析预测电气设备的使用寿命等。都可以充分说明大数据分析技术，能够在一定程度上预测一些事情的发生，所以在大数据时代信息安全预测具有一定重要性。在此种情况下，大数据分析能够提前预测信息安全的风险。目前大数据能够记录一切信息的痕迹，之前出现的信息安全事件也会有一定的痕迹，大数据根据相关的记录可以大致判断出风险可能发生的原因，从而可以完善相关法律条款，并且能够在一定的范围内预测信息安全的风险，以提前做好风险防范。

（三）明确信息安全管理方向

随着互联网行业发展，数据信息越来越真实，同时数据信息也具有多重价值。因此信息安全也关系着个人的经济利益，也逐渐成了人们关心的问题。通过对大数据具体分析，能够简单地了解到用户个人行为。同时，大数据分析也能使信息安全管理的方向日益清晰。加强个人信息安全意识，提高社交网络信息安全管理。通过大数据分析，人们可以清楚地知道信息主要从哪些部门、机构泄露出去，从而明确信息安全的管理方向，对泄露信息的相关部门、机构进行管理，从而提高居民在大数据时代的信息安全，确保居民经济财产安全，避免不必要的损失。

四、大数据分析在计算机信息安全中的应用

（一）大数据存储云访问安全技术

大数据分析要保证传统数据采集过程中数据采集的安全性和可靠性，一般收集的信息是与信息的所有者共享的，如果有人想访问所需的信息，信息所有者必须提供相应的账号和密码，以达到收集信息的目的。然而，在高级数据分析和云计算应用的背景下，数据提供者通常是大型商业企业，公众是信息消费者。因此，在信息交换过程中，信息的可靠性成为首要任务。安全访问云库，在实际应用中必须采用一种新的特征检测方法。为提高对大数据计算云的安全访问，应用了第三方云服务器访问技术。并且在实际活动的验证下，这种接入技术可以减轻主机的工作量，并使用加密技术来保证数据和信息的存储，避免泄露。

（二）实时系统监控和漏洞纠错

系统本身的各种漏洞也是使用大数据分析功能时信息泄露的主要原因之一。在当今的大数据环境中，系统中的漏洞是常见且不可避免的。一方面，我们需要确保及时修复泄露，才能在一定程度上保证数据安全。另一方面，如果漏洞影响持续时间长，没有及时修复，尤其是脆弱的时候，则很容易被黑客窃取和破坏数据。例如，网易科技报告称，浙江铜业金融系统存在无法及时修复的危险漏洞，导致数十万客户数据丢失，给客户带来巨大经济损失。如果此类漏洞在很长一段时间内频繁发生，这将引发人们思考需要采取哪些措施来有效解决系统漏洞。采用大数据分析技术，可实时监控系统并修复漏洞。通过大数据分析技术中的安全扫描、入侵检测和防火墙技术，可以实现对风险访问、网络攻击、可疑行为的及时监控与纠错，确保用户数据信息安全。

（三）安全风险预测

通过评估信息安全风险，可以预测安全风险。由于技术、设备等多种因素，现阶段仍难以彻底消除网络上的信息安全威胁。为有效保护多种信息的安全，需要合理预测安全风险。在风险出现之前采取适当的行动，消除危害或减少危害和风险的可能性。传统的计算机技术可以轻松预测信息安全风险，但综合理性预测的可预测性并不理想，可以通过大数据分析技术来解决。首先，大数据分析技术可以渗透到云计算平台，收集和分析全球网络数据储存情况；其次，有效防御 APT、零攻击等未知威胁。

（四）加密技术的应用

在当前的大数据环境下，互联网用户的数量每年都在增加，用户数量的增加促进了认知度的显著提高。更好地满足人们在信息安全领域的需求，密码技术的使用已成为必然。

加密对象主要是信息网络中的数据。该技术将敏感、清晰的数据转换为难以通过编码和使用智能技术识别的加密文本数据。在使用加密技术时，解码是应用程序的基本和关键元素。使用单一加密算法加密相同的文本会使密码识别变得困难。打开加密文本后，可以使用密钥恢复加密，这个过程称为解密。对称加密是一种广泛使用的加密技术，在加密过程中使用相同的密钥，在控制过程中使用相同的密钥进行解密。在对称技术中，关键是保护预防效率。在实际应用中，对称技术具有更高的解码速度，不需要太多的数值计算，可以达到很高的保密性。但在密钥的实际管理中还存在一些困难。在数据传输中，密钥很容易丢失，会对数据安全产生严重影响。此外，不对称密钥技术是一种常见的加密技术，使用不同的密钥进行加密和解密操作，加密后的密钥本身具有一定的开放性。从理论上讲，仅从公开加密文本和明文中准确提取解密密钥是不可能的。这也是非对称密钥的重要安全保障。应用非对称密钥时，每个用户都有一个私钥和一个公钥，工作流程如图 5-1 所示。非对称密钥管理更容易实现，分发过程更简单，但管理处理速度并不理想。用户在使用加密技术时，应选择符合当前自营网络数据安全管理需要的加密技术，并保证加密技术的类型更加合理。

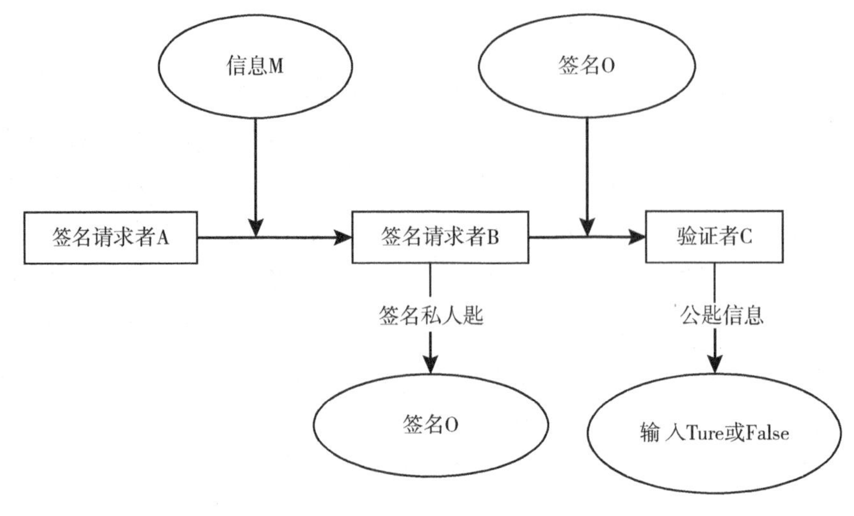

图 5-1　数字签名简易模型图

1. 数据加密技术概述

（1）数据加密技术含义

数据加密技术是在对密码学基本的应用基础上产生的一种对网络信息进行安全保护的技术。其主要应用原理是对信息进行加密密钥获知加密函数处理，使明文信息转换为读取难度较高的密文。在信息接收环节，则是应用同一套密码学将密文转换问明文形式。该技术的应用，对计算机网络环境下信息安全的保障具有重要意义。

（2）数据加密技术的基本算法

数据加密技术在实际应用中会采用多种计算方式，主要包括置换表算法、更新的置换表算法、循环移位和 XOR 操作算法以及循环冗余校验算法四种。其中置换表算法是最为常规、简单的计算方法，而更新的置换表算法则是在置换表算法的基础上实现信息的多重保密，相较于置换表算法，其破译难度大大增加。循环移位和 XOR 操作算法则是通过数据位置的变换以及 XOR 操作实现信息加密的一种常规算法，具有良好的信息保密效果。

2. 数据加密技术对计算机网络信息安全的重要性分析

由于目前计算机网络信息存在诸多安全隐患，使数据加密技术的应用成为一种必要，目前计算机网络信息安全存在的安全隐患主要有以下几个方面：

首先，由于当前计算机网络技术仍不完善，导致许多网络漏洞的存在，这些网络漏洞的存在，使黑客盗取计算机网络用户信息的难度大大降低。其次，当前计算机病毒也是造成用户信息存在安全隐患的主要因素之一。一般情况下，计算机病毒的存在范围较广、增长速度较快，一旦用户浏览携带计算机病毒的文件，计算机将会出现中毒现象，同时造成恶性循环，容易导致大量计算机用户信息的丢失或者损坏。最后，服务器信息泄露以及非法信息入侵也是导致计算机用户信息存在安全隐患的主要问题。服务器存在的漏洞同样容易造成用户信息的丢失或者被盗取，同样，非法分子采用非法手段对用户的账号及密码进行盗取，也会造成用户信息存在暴露风险。

3. 数据加密技术在计算机网络安全中的应用

（1）计算机操作系统加密

在目前常见的计算机操作系统中，其安全级别都较低，仅处于 C1、C2 级别，其公共传输信道的安全性能极其脆弱，这也就导致了其极易受到黑客的恶意篡改和袭击，使得计算机用户的隐私和重要信息的安全性难以得到保障。基于此，数据加密技术广泛应用于计算机操作系统中的信息加密，同时要求所有访问者必须通过一些权限认证才能对信息进行浏览，为网络用户的信息安全提供了一定保障。

（2）计算机软件加密

在目前计算机的使用中，计算机通常都会用自身携带的杀毒软件对计算机病毒进行消杀，保障计算机安全。但需要注意的是，目前存在某些杀毒软件带计算机病毒，其侵入会导致计算机杀毒软件的病毒消杀功能丧失，无法为数据安全提供保障。因此，在数据加密的实际应用中，首先需要对相关软件的安全性进行检测，对其中储存的信息和文件安全进行确认，再进行进一步的信息加密，为信息安全提供多重保障。

（3）网络数据库的加密

在对计算机网络信息进行安全保障时，最重要的环节就是对网络数据库的信息进行数据加密。由于目前计算机网络数据库及其信息传输信道缺乏较高的安全性，数据库中的用户信息也难以得到保障，容易遭受非法分子的窃取。数据加密技术在网络数据库中的应用，主要是通过对计算机中存储的信息资料进行精密的分析，检测其中是否存在安全隐患，并将检测信息反馈给用户，同时操作端对其进行加密，保障信息安全。

第三节　云计算技术实现虚拟化技术

为了方便数据信息的处理和灵活使用，现在很多行业在资源使用这块都运用的是虚拟化技术实现的计算机软件，这种虚拟化技术应用非常广泛，有着自身强大的优势，对各类的虚拟资源和数据都能进行方便快捷使用，不需要像传统那样还需要使用实体的数据资源，无论是在时间成本上还是财力成本上都有很大的消耗和浪费。使用虚拟资源不仅高效快捷，还能节约很大的时间和财力成本，它们处理信息的速度快，而且可以随时调用和获取，各类数据资源都能随时随地进行灵活调配，在工作中对这些数据处理的时候也更加简洁，不需要花费金钱去购买实体设备等，通过虚拟化技术就能实现，还方便用户运用在多种行业中，操作方式也可以根据用户的喜爱去调整和选择，降低了工作难度，提高了时间使用效率。

一、计算机网络虚拟化技术概述

网络虚拟主要代表计算机的数据资源在开展共享互通期间，采用虚拟化方法以及构造模拟化空间进行多样化设计的数字运行模式，其与传统计算机的储存设备相比凸显出更多的优势特点。在设备访问互联网期间因受到边界性因素的影响和干扰，而积极引用虚拟技术便可以实现多个设备跨领域、跨层次使用，并打破传统壁垒边界的约束，在信息数据的互动共享下实现 IP 网络，针对云计算的正常运行来说运用此项技术可以彰显出一定的促进作用和拓展意义。云计算数据中心涉及海量信息资源，需要采用模拟技术对其展开全方位的整合及分析，为相关操作人员提供一手资料和提示，并在第一时间加以响应和处理。

现如今将虚拟技术运用于云计算数据中心中具有一定的现实意义，可以在提高各项系统运行效率、保障数据完整性的基础上减少企业管理成本的消耗，实现远程控制的现代化管理模式。在数据中心中进行多个虚拟服务器衔接工作，可以充分满足一中心对应多台虚拟器的发展特点，在根本上提高了数据管理效率和计算效果。在新时代计算机行业的发展进程中，计算精准性和响应速度是影响计算机系统各项功能指标的关键要素，运用网络虚拟化技术是新时代计算机行业的必然发展趋势。

二、网络虚拟化技术在云计算数据中心的应用优势

（一）系统可靠性变强

数据应用系统主要呈现为软件结构，因此在后续运行期间往往会产生或多或少的故障问题，软件安全性及可靠性与硬件设施相比还存在一定的差距。但是将网络虚拟化技术有效应用于云计算数据中心后，当数据应用产生问题后便可以将其有效转移至其他机体，所以在用户的角度来看，运用虚拟化技术可以促使云计算数据系统呈现出可靠性、安全性的

优势特点。

（二）节省物理资源

从整体视角来看，传统云计算数据中心可以部署多台设备和机器，但是数据部署的整体流程和各项程序具有复杂烦琐的基本特征，此过程主要涵盖认证、门户、搜索引擎以及数据处理等。传统系统部署方法过于复杂而且会造成不必要的物理资源消耗问题。应用网络虚拟化技术后可以将物理资源的消耗量降低至最小范围内，并降低多余能源的浪费，如电力能源消耗等。与此同时，虚拟化技术可以对所有服务器展开统一化管理，以此来帮助企业和个人用户创建科学合理的 IT 资源业务项目，减少服务器应用及重载的加载时间。据相关数据统计可以看出，采用网络虚拟化技术可以在一定程度上节约 40% ~ 80% 的成本，并将各个服务器的利用率提升至一倍以上，减少软件和硬件的成本消耗。

（三）减少时间消耗

在云计算数据中心有效融入虚拟化技术后，网络服务器整体的运行效率获得了大幅度提升。现如今，大部分数据系统的部署和调配均是在虚拟化平台上加以完成，在数据完成部署调配后，系统数据内容便充当了模板效用，其他数据信息便可以模拟并仿造此模板基本形式开展一系列部署动作，因此运用网络虚拟化技术可以在根本上减少系统部署期间所消耗的时间，达到节约能耗、节约时间的基本目标。

（四）简化管理程序

在涉及海量数据的云计算数据中心中，包含着诸多计算机设备在同一时间下完成响应需求及管控工作，这便在某种程度上为系统服务器带来更多无法承受的运维压力和负担，运用网络虚拟化技术可以减免数据信息接入、储存及调取等一系列步骤，可以实现对计算机的综合化运用和信息资源整合，可以在根本上简化系统管理程序和工作量。虚拟化数据流内部可以对运营结果展开全方位的检测和检验，有效提高云计算数据中心的服务效率及成本管控。在新经济时代的发展背景下，随着计算机技术的快速发展和进步，数据资源的整体体量及共享效果取得跨越式进步，云技术的优势特点逐渐凸显在大众的视野当中，采用网络虚拟化模式展开全面化系统维护具有深远的价值意义。

三、网络虚拟化技术在云计算数据中心中的实践应用

（一）服务器虚拟化

服务器是维持计算机系统稳定运行的关键元件，虚拟化技术在服务器元件中的实际应用主要体现为去耦合技术，通常情况下，其主要将操作系统、物理设备和上层软件展开分离处理后将硬件设施元件、应用功能完全输送至虚拟机文件内部，并对其展开一体化、统一化管理与控制，在根本上提高数据备份、软件传输及系统整合的效率和质量，进而强化各设备元件彼此间的耦合性和关联性，在根本上完善并优化系统的科学性、合理性及可靠性，实现共享互通及隔离的基本目标。

1. 服务器虚拟化技术的分类

（1）基于硬件的虚拟化技术

所谓的硬件虚拟化，就是对计算机或操作系统的虚拟化，它对用户隐藏了真实的计算机硬件，虚拟出另一个抽象计算平台。硬件虚拟化技术通过提高虚拟系统的隔离性而增强了虚拟化的性能、灵活性和可靠性。例如，基于 CPU 的虚拟化，即将单个 CPU 模拟成多个 CPU 并行运行，允许一个平台同时运行多个操作系统，并且所有的应用程序均可在相互独立的空间内运行而互不影响。例如，在 Windows Vista 中，通过软件可以同时安装 XP、Linux 等操作系统，当需要使用时可以直接调用，但并非重启电脑的情况下任意切换操作系统。

（2）基于操作系统的虚拟化技术

操作系统虚拟化技术就是以一个操作系统为母体，克隆出多个子系统的技术。它可以虚拟出一个近乎一模一样的系统，并与原系统有着密切的联系，一旦更改了原系统，那么所有虚拟系统也会随之更改。

（3）基于应用程序的虚拟化

随着虚拟化技术的发展，出现了逐渐从企业往个人、往大众应用的发展趋势，于是便出现了应用程序虚拟化技术，简称应用虚拟化。硬件虚拟化和操作系统虚拟化是虚拟完整的真实的操作系统，应用虚拟化的目的也是虚拟操作系统，但只是为保证应用程序的正常运行，例如，虚拟系统注册表、C 盘环境等的某些关键部分，所以较为轻量、小巧。应用虚拟化技术应用到个人领域，可以实现很多非绿色软件的移动使用，如 CAD、3dsMax、Office 等；可以让软件免去重装烦恼，不怕系统重装，具有绿色软件的优点，但又在应用范围和体验上超越绿色软件。

2. 服务器虚拟化技术的应用

（1）用于服务器的整合

服务器整合是将多个不同服务器中的信息内容转移到 VPS 上，使之运行在一个单独的物理服务器上，提高服务器硬件的利用率。据数据表明，单个服务器的利用率只有 20%，而虚拟服务器的利用率能够提高到 75% 至 80%。这样就减少了管理多台物理服务器的成本并提高了服务器的投资回报。

（2）用于数据系统的灾难恢复

服务器虚拟化技术可以实现灾难恢复或者其他类型的应用软件备份和恢复，因为虚拟化数据与它所运行的硬件设备是彼此独立的，这样就提高了数据迁移的灵活性，降低容灾的部署成本，来加快数据的拷贝和应用程序的恢复。

（3）用于开发和测试环境

服务器虚拟化能够分离不稳定的环境，这是所有开发人员在设计应用程序时所希望的。因此开发人员全面利用了服务器虚拟化技术和虚拟机镜像，使得软件的开发和测试更加简易化。

3. 服务器虚拟技术的挑战

（1）备份问题

服务器虚拟化的备份复杂性。服务器技术能够帮助用户解决服务器的可用性、灵活性的问题。但是，服务器虚拟化也可能造成虚拟服务器的无序拓展。这样导致用户无法及时备份新增的镜像，以致用户不能在限定的维护时间内进行完整的备份。

（2）降低存储容量的利用率

服务器虚拟化技术虽然可以减少服务器硬件的购买成本，却增加了技术应用和管理的复杂性，以致间接地降低了存储容量的利用率。很多企业苦恼于如何合理有效地为虚拟服务器分配存储资源。

（3）连带影响问题

虚拟机的管理程序统管所有运行的虚拟机，可能造成一个虚拟化层被破坏而影响服务器上的所有的工作负载，一个虚拟化层的妥协导致所有托管的工作负载妥协的结果。

（4）安全风险

因为管理程序是由虚拟机提供的，因此管理访问权限必须严格控制和优化，但是大多数的虚拟化平台缺乏适当的管理访问权限。这样很容易使一个未授权的用户获取宿主操作系统的访问权限，造成安全漏洞。

4. 服务器虚拟化技术的改进

服务器虚拟化技术对已有的数据中心带来了巨大的影响，面临的挑战也越来越大。为适应更好的发展管理工具，服务器虚拟化技术应做出相应的改进。

首先，要建立完整的虚拟化备份，增强备份工具的扩展性和兼容性，使备份工作更加高效。其次，创新配置服务器虚拟技术可以加入更多的配置管理工具，例如，监控、警报和离线升级等。这样不仅能优化管理，还能解决安全漏洞问题。最后，实现网络融合技术。目前，虚拟网络和物理网络的融合有很多实现方法，却没有一种万能的解决方法。因此服务器虚拟化技术在发展过程中要注重网络融合技术的改进。

（二）资源存储虚拟

资源存储是云计算数据中心稳定运转的前提要素，在此板块中的虚拟化技术主要采用抽象、系统的存储硬件资源方式得以表现。简单来说，在局部可提供资源存储或数据储备等服务，实体层面采用虚拟化技术加以简化系统的底层结构，这样便可以实现资源物理存储与逻辑映像完全分离，进一步为系统管理工作者提供直观、清晰且简化的资源虚拟多维图像，并具备功能集成、分解仿真等优质服务功能。所以将虚拟化技术有效渗透于云计算资源存储中不但可以简化存储资源管理的整体框架，还可以促使云计算操作人员及时享受科学化存储服务，在根本上提高数据资源的安全性、完整性及真实性。

1. 云计算中存储虚拟化技术的应用

存储虚拟化技术有着较为广泛的应用，它有效解决了不同类型存储资源的整合问题，并在很大程度上优化了存储系统的可靠性和兼容性。存储虚拟化技术的主要原理在于将物理存储从逻辑印象中分类出来，由此一来，网络和应用在管理上不会混淆。不仅如此，对于用户而言，在对数据存储中摆脱了传统磁盘分类的情况，存储虚拟化技术使得资源全部归纳到一个数据池中，进而能够有效实现单点统一化管理。

存储虚拟化技术的运用主要通过三个层次完成：以主机为基础进行虚拟化、以存储设备为基础进行虚拟化、以网络为基础进行虚拟化。使用思想是将企业资源通过逻辑映像、物理存储分开，让企业使用已有资源更加简化，实现方式分为两种：带内虚拟化、带外虚拟化。通过三个层次虚拟化可以完成模块虚拟化、磁盘虚拟化等，如图 5-2 所示，下面从三个方面对云计算中存储虚拟化技术的应用展开分析。

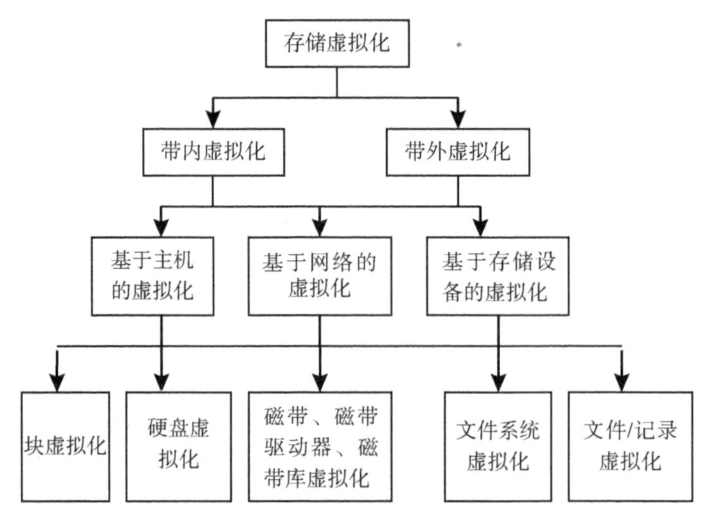

图 5-2　存储虚拟化实现模式

（1）基于主机的存储虚拟化系统

在相应逻辑管理软件的作用之下，基于主机的存储虚拟化系统由操作系统完成。这类应用主要的作用在于做数据镜像保护，使多个异构磁盘阵列都能够被存储空间所涉及。但这种模式也不能说就是完美的，同样存在一些缺陷，需要引起使用者的注意。首先，该存储虚拟化系统存在应用和操作系统的兼容问题，且当主机需要升级和维护的时候，操作起来较为复杂。其次，这种系统会占据主机的大量资源，导致应用的性能有所降低，且会在一定程度上影响业务的连续性。

（2）基于存储设备的存储虚拟化

基于存储设备的存储虚拟化在常用设备中较为少见，多用于高端点的存储设备。它是将虚拟化功能融入存储控制器中，并对不同的存储系统进行一定的整合，使之融合为一个统一的平台，由此有效解决了传统方式管理难的问题，且能够利用生命周期管理促进应用环境得到更进一步的优化。基于存储设备的存储虚拟化系统对资源进行统一化管理，这就意味着无论是外部资源还是内部资源在管理起来都将不会进行划分，而在这个过程中原存储系统也将不再参与，这样的好处在于异构存储管理变得更为简单，而存储网络在结构上也变得更为清晰。同样的它也存在一些问题需要引起注意，如当数据管理功能来源不同厂家的时候，可能会难以进行相互操作；需要配备的数据管理软件多，导致成本大幅增加，对于中小型企业而言难以普及。

（3）基于网络的存储虚拟化

基于网络的存储虚拟化指的是将虚拟化引擎加入存储区域（SAN）中，这类存储虚拟化技术的应用好处也是利于数据的统一化管理。此外，它并不占用主机资源，对于异构存储设备和异构主机都能够进行完美支持，当管理平台能够统一化时必然能够增加企业的工作效率。基于网络的存储虚拟化存在的不足之处有以下几点：

虽然说这类存储虚拟化技术有利于数据的统一化管理，但仍旧存在不少厂商由于数据管理功能弱使得统一化管理困难重重。

还有不少厂商产品的成熟性较低，兼容性问题没有得到彻底解决。总之存储虚拟化技术虽然具有很大的优势性，但仍旧需要不断对其进行完善。很多企业在选择使用虚拟化技术时，对于虚拟化的部署地点存在疑问，不清楚到底基于电脑主机还是基于使用网络。其实虚拟化技术在这些地方都可以部署，并且各自有各自的优点。企业如果基于工作需要，最好可以对存储系统进行合并异质，通过一个公共的存储区对各个系统进行管理、控制。企业为了方便对不同厂商进行存储阵列选择，向他们展示企业能够发挥的各种功能，比如数据动态配置、迁移等，大多会通过存储虚拟化技术来实现。

一般用户在运用存储虚拟化技术过程中需要注意以下几点：第一，在使用存储虚拟化技术前，要对企业存储虚拟化策略做出提前规划；第二，企业在进行存储虚拟化之前，需要对企业原有各类数据进行筛选、分类，保证存储虚拟化技术高效运行。

2. 存储虚拟化技术应用领域

目前中国存储领域已经大规模使用虚拟化技术。很多生产存储设备的企业已经大量生产虚拟化存储产品，并且销售数量屡创新高。目前存储虚拟化技术应用领域越来越广，比如，信息化产业数据中心、移动电信行业、金融银行保险行业、政府机关等。由于目前世界逐渐跨入信息化时代，信息数据容量大爆发势不可挡，因此传统存储技术已经不再能够满足现代人们的需求，所以存储虚拟化技术得到了快速发展。不过目前存储虚拟化技术还存在一些缺点，比如，其安全性、保密性等还需要进一步提升，并且目前存储虚拟化技术针对对象大多是我国的大型企业，对于我国中小型企业还没有完善的解决手段，而且由于存储虚拟化技术前期投入成本比较高，对于中小型企业负担太大。

（三）系统崩溃转移

在云计算数据中心等相关系统产生设计故障或隐患问题期间，运用虚拟化技术可以在根本上展开崩溃转移，在察觉问题后可以在第一时间寻找全新板块维持信息数据的互通、计算及共享并完成相关需求响应，原有的系统问题可以直接转移至新的虚拟机内部加以处理和承担，确保操作人员的多样化需求与故障问题优化维修工作在相同时间范围内展开，在根本上提高云计算数据中心的服务质量和服务效率。

因为云计算技术呈现出数据流计算和交换的基本优势，在软件设计的管控下发挥各种各样的功能效用，但是其自身的稳定效果和可靠性无法获得完全保障，然而运用虚拟化技术实现问题转移后可以充分满足操作人员的技术需求，在根本上保障云计算系统可以稳定良性运行。存在物理层面的系统故障问题可以借助现代化虚拟技术加以规避和解决，这也在某种程度上要求技术操作人员可以熟练掌握设计技巧，并可以在软件设计研发阶段中为虚拟机获取足够空间的接口位置，以此保障信息数据的安全性和可靠性。

（四）桌面虚拟化

虚拟化技术的诞生为广大人民群众带来了科技福利和技术便捷条件，对于新时代的桌面虚拟化来说，人们对其提出科学化的解决方法——FDP，其主要根据虚拟化结构特点和管理系统完成任务，根据计算机桌面的分布状况创建出科学完善的解决方法，进而减少网络故障问题的产生，并保障网络系统的安全性、可靠性，在根本上减少系统操作人员的时间限制，并打破空间、领域壁垒问题。同时，桌面虚拟化技术可以通过多样化设备类型对同一桌面系统加以操作和控制，不仅在一定程度上提高了工作效率，还可以确保工作的精准程度。

1. 虚拟桌面技术

企业利用虚拟化技术不断推进云计算 IAAS 层系统建设，随着建设的展开，该系统逐渐对服务器资源、存储资源、网络资源进行整合，目前已经有 20% 的业务系统运行在虚拟化平台，运行状态良好，解决了机房空间有限、服务器利用率低、资产统一管理等各种问题，达到了系统建设目标，通过经验积累将为企业桌面云建设提供有利条件。

随着企业各个大集中系统的陆续推广，各个系统的应用基本覆盖了日常工作中的所有方面，企业员工使用计算机终端开展工作的频率快速飙升，桌面 PC 的日常维护工作量越来越大，根据测算但其操作系统方面的故障占总故障的 40% 左右，且有逐年上升的趋势，保障各个终端系统的正常运行，提高终端运行效率，降低操作系统故障率已经成为信息化一个重要而迫切的工作；且随着业务管理系统的不断推进，系统分布越来越广，由于桌面 PC 间存在极大差异使应用系统开发升级及故障定位面临系统兼容性的极大挑战，因此需要采取有效措施对桌面终端进行标准化和集中管理。

在信息安全方面利用虚拟桌面终端可以有效实现网络安全管控和逻辑隔离，确保企业更多地抵挡外来网络威胁和攻击。

2. 虚拟桌面研究目标

为了解决这些问题并将消耗在事务性工作的大量的人力资源有效地转移到其他更有价值的建设性工作中，通过利用终端虚拟化技术建设一套桌面云系统将原来分散安装在客户端的应用系统部署到数据中心应用交付服务器上进行管理和运维，客户端不再进行应用程序的安装和加载，通过使用应用交付系统实现业务办理，从而提高系统可靠性，降低应用系统开发、运维成本、提高 IT 管理效率。

（1）资源利用最大化

充分利用《云计算关键技术研究》的研究成果、最大化利用云计算基础平台试点项目的计算资源，存储资源，并将物理桌面转移到虚拟桌面，逐步构建以终端虚拟化技术为核心面向应用的云南电网桌面云。

（2）统一管理、集中维护

桌面终端实现统一管理和集中维护，把桌面 PC 的应用系统、操作系统方面的维护全部集中到服务器端按权限分发交付给客户端电脑使用，维护量大量减少。逐步实现统一的桌面交付模式，根据不同类型的用户，按照部门、小组进行桌面的统一管理。

（3）提高系统安全

终端虚拟化技术配合合理的管理制度和网络管理策略可以实现，提高网络使用效率，减少网络隐患，另外将桌面虚拟化技术与服务器 internet 浏览器软件结合，实现不具备外网访问条件的 PC 进行基于服务器浏览器的外网访问和应用，禁止用户使用 internet 时使用本地硬盘和 USB 设备，从而实现内外网的隔离和防止重要文件泄密。

（4）灵活配置、应用方便

桌面虚拟终端与用户程序有关，与用户数据无关，即用户在任意一台终端上登录，均可看到和使用自己的程序环境及数据，同时支持平板电脑及智能手机应用，方便进行移动办公。

（5）数据保护、快速恢复

终端虚拟化技术实时数据保护及应用快速恢复服务，保证有需求的客户端数据在提出恢复数据申请时可以快速恢复到备份点，并对断电或断开连接的客户端进行实时数据保护服务，保证数据完整性。

3. 虚拟桌面实现的具体方法

在终端虚拟化系统建设中可以充分利用云计算 IaaS 层平台建设中，完成系统整合大量异构的服务器、存储、网络硬件设备，最大限度地发挥现有 IT 设备的利用率，终端虚拟化平台全部使用虚拟机为运行环境，根据需要进行动态配置。

（1）功能说明

基本功能包括多种方式接入、支持无差别的多应用访问、支持多虚拟机、支持主流操作系统、支持主流存储技术；用户便利使用要求包括系统可随时随地访问且支持个性化桌面，支持 SSO，支持网络存储空间的动态分配，支持音频输入输出等；应用虚拟化指将应用程序从底层操作系统分离出来，支持虚拟桌面与应用软件虚拟化间的无缝集成。

（2）技术路线

由于目前基于云计算桌面虚拟化技术比较成熟，所以在桌面虚拟化选型、设计及规划方面，应侧重数据中心基于服务器虚拟化与桌面虚拟化相结合，或者是后端基于服务器虚拟化与桌面虚拟化相结合的方式进行桌面池、计算资源池、存储资源池、网络、终端等各个环节的规划，尽可能满足企业目前及未来业务及发展需要。

（3）系统集成

虚拟桌面的存储和执行（包括操作系统、应用程序和用户数据）都集中在数据中心，用户使用终端设备通过远程协议（如 RDP、ICA、PcoIP）进行访问。桌面虚拟化将所有桌面虚拟机在数据中心进行托管并统一管理，同时用户能够获得完整 PC 的使用体验。用户可以通过客户端，或者类似的设备在局域网或者远程访问获得与传统 PC 一致的用户体验。

4. 效益分析

（1）管理效益分析

基于云计算技术桌面虚拟化设计、规划及实施，将对公司的 IT 基础管理、终端环境标准化管理等方面带来质的提升，主要体现为：第一，桌面更灵活的访问和使用；第二，更广泛与简化的终端设备支持；第三，终端桌面集中管理、统一配置、使用安全。

（2）经济效益分析

桌面虚拟化作为云计算的一种方式，结合其自动化集中式管理，使公司无须负担日益高昂的数据中心管理成本。另外，由于所有的计算都在服务器上进行，终端设备的要求将大大减低，从而能使终端设备采购、维护成本大大降低。

（3）社会效益分析

企业通过桌面虚拟化设计、规划及建设，提高了桌面终端管理、维护效率，提高了桌面使用的灵活性及安全性，降低了故障率与耗电量，降低了公司总体成本，适应了低碳时代的要求，最终有效提高了企业通过信息化手段服务社会的效率、质量及客户满意度。

（五）网络服务

从整体视角来看，网络虚拟化主要根据操作人员的多样化需求呈现出网络化形式，云计算的核心便是运用虚拟化技术优化网络服务的拓展性、延伸性以及可管理性。云计算数据网络虚拟化涉及诸多层次，而且在实际运行操作期间各层次具有一定的特色和分工任务，主要涵盖接入层、核心层以及虚拟网络交换层等。相关人员需要结合云计算用户数量多、覆盖范围广、接入方式多样化等优势，运用科学有效的措施不断提升网络接入的可拓展性和资源效率。

四、提高网络虚拟化技术应用效率的相关措施

云计算数据中心网络虚拟化技术在各大支柱产业领域中获得了广泛应用，但是在实际运用期间仍然存在诸多不足之处，相关人员需要采用科学有效的措施不断提高网络虚拟化技术的应用效率。

（一）提高网络虚拟化技术应用安全性

云计算数据中心可以在日常工作中对社会、人民提供优质化、多样化的网络服务，与

社会经济及市场经济环境的稳定发展息息相关，所以相关人员需要采用科学有效的措施不断提升网络虚拟化技术的安全性，确保此项技术在实际应用期间充分满足各行业的规范标准和安全需求。在计算机网络发展时代背景下，信息数据的安全性、完整性对于行业的未来生存发展具有至关重要的价值作用，也在某种程度上决定着行业的发展前景，是企业保障市场竞争环境下有一席之地的关键要素。

（二）可靠性措施

云计算数据中心的网络虚拟化创建应结合实际情况并提高虚拟化资源的配置效果、兼容性以及可拓展性的管理力度，并在此基础上提高云计算数据中心的整体服务水平，主要包括对各项设备机械运行状态的检验勘测、故障漏洞及补丁的管理、各项性能的全面监控、日常维修养护以及数据服务成本消耗量的运算等，只要妥善处理以上几方面问题并强化云计算数据中心的管理工作水平，便可以在根本上提高云计算数据中心中网络虚拟化技术运用的可靠性及高效性。

（三）权威认证

从整体视角来看，云计算数据中心的相关人员和运营单位需要不断融入安全可靠、高效实用的网络虚拟化技术，并需要在规定时间内进行全面化的权威检测及认证。企业在运用此种技术期间需要将运营商的信誉度、诚信度以及应用程序的检测成果完全纳入考虑范围内。云计算数据中心可以将虚拟化技术研究依托给高素质、高质量的专业科研团队，也可以采取自主投资研究模式对网络虚拟化技术展开更进一步的探析和考察，并将其以外包形式交给系统运行厂家，不但可以在根本上提高网络虚拟化技术在云计算数据中心中的应用效率和应用质量，还可以在一定程度上降低企业的成本消耗。

第六章

云计算技术在计算机大数据应用中的发展

第一节　云计算技术促进信息通信发展

在信息通信行业当中，通过云计算技术对行业前景进行相关预测，以此定义行业内的发展方向，帮助企业解决发展当中可能遇到的各式各样的问题，避免企业走弯路，为企业发展道路清除阻碍，使企业在行业内的发展情况能够朝着良好的方向发展。信息通信行业主要就是为广大企业处理客户信息，分析每个客户的问题，帮助企业去分辨哪些客户具有不错的前景，哪些是潜在客户，为企业开发客户节约了时间，提供了明确的发展方向，让企业能够更好地维系客户，保证充足的客户资源，为企业实现经济效益和企业价值。

一、信息通信业概述

（一）信息通信业的定义

目前，对于信息通信业的范围尚未有明确的界定。随着经济和社会的发展、信息产业内涵和外延的不断扩大和改变，作为信息产业重要组成部分的信息通信业也在随之改变。对于信息通信业的界定是经济运作中的部门、行业的形成，是长期社会分工的结果，部门、行业的形成有利于社会分工的进一步发展，有利于发挥专业化的优势。信息社会经济活动的特点是一切围绕着信息展开，经济活动可以抽象概括为信息的创造、生产、传递和传播给信息需求者或者附加到有形的物品上，通信则是其中不可或缺的环节。

从广义上讲，全社会的所有企事业单位在运转过程中都包含信息通信工作。在中国，现在正在运行的通信网除了公用通信网络外还有数十个全国性的通信网络，如广播电视、铁路、电力、水利都有自己的网络。每个企业也都有自己的信息通信部门和人员。在因特网方兴未艾之际，内部网络已经开始登场。企业信息化、企业外部化是企业运行不断延伸的事业，使得公用通信网和企业内部网络同时运作。所以广义上的信息通信业的范围包括全社会所有的通信工作。

狭义上的信息通信业是指专门从事通信工作并且为全社会提供信息传递服务而从中获得收益的部门。根据通信的形式，大体可以分为邮政通信业和电信通信业（统称为通信业）。

历史上最早产生的通信方式就是邮政通信，所以也称为传统的信息通信方式。邮政业是以实物传递信息，实物传递属于实物的空间位移，而实物的空间位移又是运输业的职能。正是由于邮政的实物传递性，导致了邮政通信对交通运输业的高度依赖，所以经济部门的传统划分是将邮电部门归属到交通部门。由于市场经济日新月异的发展，在中国，部分专业通信网正在获得公用通信业的经营权，对于信息通信业的具体界定将发生一定的影响。信息服务包括信息的采集、处理和向用户提供信息，其主体业务是信息的采集和处理，并不属于通信。但是电信通信部门具有开展信息服务的先天有利条件，决定了电信通信业必然向信息服务业的拓展。目前，全球电信运营企业在产业价值链延伸的转型过程中的实际经济运营状况，使得原有通信业的内涵在扩展，信息通信业的提出正反映了通信业与信息服务业的融合。

（二）信息通信产业关联

1. 产业属性的划分

要揭示一个行业的运行特点、发展规律，首先要确认其产业属性。目前，宏观经济下各部门的产业归属划分主要有三种：第一种划分方法将国民经济各部门划分为三个产业，即第一产业、第二产业、第三产业；第二种划分方法是将国民经济各部门划分为物质生产部门和非物质生产部门；第三种划分方法将国民经济各部门划分为信息产业和非信息产业。按照上述方法对信息通信业的产业属性进行分析，可以得出如下结论：按照第一类划分方法，信息通信业属于第三产业；按照第二类划分方法，信息通信业属于物质生产部门；按照第三类划分方法，信息通信业属于信息产业。

信息产业的范围极其广泛，随着经济和社会的发展，其范围还在不断扩大。目前信息产业大致包括以下几个方面：

①信息业——信息的创造、信息产品的生产复制、信息处理。

②信息范围——建立各类数据库，根据客户需求提供信息。

③咨询业——根据客户要求代为收集信息、处理信息并得出结论，提出建议和方案。

④信息中介——信托业、经纪人产业以及各部代理人产业。

⑤互联网内容提供。

⑥通信业（信息传递业）——通信，一般为点对点、交互反馈方式。

⑦信息传播——宣传、教育、文艺、出版发行、广播电视、广告等。

⑧信息设备制造业——信息处理设备、通信设备、广播电视设备制造业。

⑨软件研制与系统基础。

经济发展进入信息社会之后，信息产业所占比重越来越大，成为国民经济发展的主导。对信息产业和非信息产业竞相划分，对把握国民经济的结构比例有重大影响。

2. 通信业的核心地位

在信息通信业发展的早期，世界各国建立了垂直一体化的垄断产业结构。电信运营产业价值链主要包括电信运营商、用户和终端设备制造商，其中运营商提供网络资源和业务服务，并可获得全部收入。这种产业价值链是符合以语音为主要业务的传统电信业务发展要求的。随着技术的进步和网络的发展，通信网正在向信息网发展，网络的内涵发生了实质性的变化。产业价值链的内容也随之发生变化，产业价值链越来越长。但是无论如何变化，由于拥有网络和客户，电信运营商在整个产业链中始终居于核心地位。他们是电信设备的主要采购者、电信业务的主要提供者，拥有遍布全国的网络和服务网点，在设备价格和业务资费的决定方面发挥主导作用，因此成为主要的“价值实现者”和“价值分配者”。

随着电信技术的进步和市场需求的变化，电信产业链正在朝两个方面发展：一是，纵向不断延伸产业链，加入一些新的市场主体和价值创造者；二是，横向不断深化和细化分工并扩展协作伙伴，稳固和提升每一个环节的价值形成能力。这种变化带来的结果是电信产业链不再对应单一的价值链，而是催生出更加相互依赖、紧密合作的价值网络。每一个参与分工协作的电信企业，都成为价值网络中的一个“节点”。

以移动通信为例，由于移动通信业发展迅猛，随着用户数量的增长、技术的进步，通信业内容越来越丰富，业务种类不断增多，专业分工越来越细，移动通信产业链越来越长。研究其上下游之间的依存关系已经是移动通信业发展的重大课题。移动通信业产业链如下：

①设备制造：交换和传输设备、手机方案设计、显示屏的生产、系统软件、应用软件、电池研究与制造、手机制造。

②建筑安装：设计施工。

③移动通信运营：技术标准研究与制定、软件工程、系统集成、分销及虚拟运营商。

④因特网内容提供：网站设置、广告制作。

⑤电子商务：各种产业物流配送。

⑥电子政务。

3. 信息通信与有形物质生产之间的关系

有形物质上的生产是国民经济的基础，也是人类社会的基础。如果没有有形物质产品的生产，人类社会的一切就成了无源之水、无本之木，成了空中楼阁。这就是为什么信息技术革命浪潮中，发达国家从中获得的益处远高于发展中国家的原因。信息通信技术可以改善和提高物质经济增长的方式和效率，但是不能取代物质经济的发展。那种认为“网络经济可以取代一切，改变一切”的观点是违背客观规律的。信息化不是无源之水、无本之木。信息化的最大推动力，正是来自传统产业优化升级过程中对信息技术、产品和网络的旺盛要求。要处理好信息化与工业化之间的关系，坚持信息化带动工业化而不是取代工业化，用信息技术改造传统产业而不是与传统产业脱离。

（三）信息通信技术的基本原理

1. 信息通信的要素

信息通信主要由三个要素组成：信息的发送者、信息的接收者以及信息的载体。

信息的发送者和接收者：其中信息通信中信息的发送者和接收者没有人员上的限定，也就是说信息的发送和接收可以是人来完成也可以由机器来完成，或者由其他的物体来完成。这两项工作的任务就是简单地向一个地方发送信息和接收其他地方传输过来的信息。虽然只是简单的信息的传输和接收，但是通过对传输信息的分析也可以发现工作中存在的安全隐患：在信息的传输过程中可能会发生信息泄露的问题，造成损失，这时就需要专业的技术人员及时排查出现问题的地方，及时排除安全隐患，保证信息通信的安全性和稳定性。

信息的载体：信息载体有很多种，不同的信道使用的技术不同，适用的领域也不同。其中光纤也被称为光导纤维，光纤通信是以光波作为信息载体，以光纤作为传输媒介的一种通信方式，也是常用的信息载体。因为激光具有高方向性、高相干性、高单色性等显著的特点，所以光纤通信中的光波主要是激光，它可以快速地传递信息，并在信息的传递过程中保证信息的安全性。

2. 信息通信传输数据的形式

信息数据在传输中首先要通过变换器的转换，转化成为适合传播的信号，在传输到预定的目的地时再通过反变化器将信号转换成信息，然后被信息接收者接收并利用。在通常情况下都会将信息转化为模拟信号或者数字信号之后再进行传输。例如最常见的光纤传播就是将信息转化为模拟信号，以光缆为传播的媒介，以光波的形式进行传播，在接收者接收信息时再转变成信息的形式，这种传输的形式给信息的传递带来了极大的便利。

3. 信号传输的形式

信息传递中信号传输的方式包括基带传输、频带传输、载波传输等模式。

基带传输：基带传输是最基本的数据传输方式，换句话来说就是按照数据最初的样子，不加入任何东西，在数字通信的传输道路上直接传送数据。基带传输这一信号传输形式不适用于语言以及图像等信息的传输。

频带传输：首先频带传输是采用调制、解调技术的传输信号的方式，在信号发送的一端，采用调制的手段，对数字信号进行某种形式的变换，使其成为具有一定频带范围的模拟信号，以此来适应在模拟信道上的传输；在接收的一端，通过解调手段进行相反变换，再将模拟的调制信号复原成为“1”或者“0”。

载波传输：通信技术的产生目的就在于使信息的传递不受到距离和时间的限制，无论是距离远还是距离近都可以利用信息通信技术传递所需要传输的信息，以基带传输的形式传输信号只能在距离不远的情况下进行，如果要进行远距离的信号传输，就需要对数字信号进行载波调制后再进行传输，尤其是在无线或者是光纤通道上传输信号时就必须经过调制将信号频道移到高频处才能在信道中传输。为了使需要传输的数字信号可以在有线宽带的高频信道中传输，就必须要对数字信号进行载波调制，这也就是所谓的载波传输。

二、信息通信技术的发展历程及其功能

（一）信息通信技术的概念

信息通信技术是信息技术和通信技术的融合。它又被称为信息与通信技术，英文名是 Information and Communication Technology，英文简称 ICT，即是 IT 和 CT 的集合，是一个由 IT 和 CT 协同发展而形成的新技术。

其中，IT 是“用于管理和处理信息所采用的各种技术的总称”，它包括对硬件的处理，对软件的处理，对应用的处理。硬件主要是指进行信息收集和整理的基础设备、设

施；软件是指用来收集信息、提供服务的软件设备，管理信息系统中所包含的企业资源计划、客户关系管理等系统都是软件的具体展现；应用是在对数据收集整理的基础上进行分析，以辅助决策。CT 包含一切通信技术、通信方式，它是一个统称。

当前，IT 与 CT 已经逐渐深度融合，形成了信息通信技术，它集信息的收集、整理、分析、辅助决策等为一体，是一个大的技术系统。近年来，信息通信领域所展现出来的各大技术，基本都是信息通信技术的产物，比如，大数据、物联网、云计算等。信息通信技术的发展使原本的传播方式由单向传播变为双向传播。

（二）信息通信技术的发展历程及其特点

1. 古代远距离的信息传播技术

追溯通信技术的发展历程，最早可考的记载，是在公元前 1400 年的殷商时期。根据相关考古研究发现，殷商时期，边境会派将士把守，并且设置大鼓，当发现敌情的时候，会击响大鼓，附近的驻守点听到后，同样击响大鼓，就这样鼓声频传，一站一鼓，从而传到政治中心，向统治者报告。这证明早在距今 3400 年前，通信方式就已经出现。在东周时期，出现并沿用许久的“烽火告警”形式，同样也是通信的方式之一。通过设定规则，不同的烽火可以传递出不同的信息。如《墨子 · 号令篇》：“望见寇举一棰，入境举二棰，押廓举三棰，入廓举四棰，狎城举五棰，夜以火皆如此。”此处棰即指柴笼，也即烽。根据接收到的不同信息，采取不同的措施予以应对，这就是最早的光通信方式。除此之外，通信方式也有比较常见的书信，鸽子有飞得快和辨别方向等诸多优点，古人就将鸽子加以驯养来提高送信的速度。一般来说，鸟儿自己会识别回家的路，就像疲惫的鸟儿会归巢一样，所以就出现用飞鸽来送书信，以达到通信的目的。

但不管是烽火传音还是书信传递信息，人们都是依靠人力和物力来解决信息的传递问题。这种传信实际上受制于天气、地理位置、地理障碍等。就烽火传讯而言，假如是在下雨天，火把没办法燃烧，也就无法通过烽火传递信息。古代的信息通信技术展现出效率低、障碍因素不确定等特点，通信传递并不及时。

2. 近代的信息通信技术的现状及其特点

随着工业革命拉开序幕，人类社会的动能朝前迈进了一大步，通信手段也随之进步。电的发现使远距离的即时通信成为可能。随着电码、电报机的发明与运用，人们的交流与沟通更加地方便快捷。19 世纪 70 年代，贝尔发明了电话，并首次实现了人远距离通过电话进行清晰的对话。马克思就生活在这个时期，就当时的社会状况而言，电话已经投入使用，但是实际的使用交流成本较高，人们依旧靠见面交流或者书信交流的方式进行思想交流。

从电话发明开始，人们不断探索研究，无线通信继而也被发明出来。进入 20 世纪，信息通信技术的发展相比 20 世纪之前而言，成果更加丰富。自四五十年代计算机、集成电路被发明开始，信息通信技术发展得更为快速，提出了许多技术的概念和雏形，比如通信卫星、移动电话、光纤通信等。这些概念也为后来的信息通信技术提供了方向指导，奠定了基础。

从 80 年代开始，信息通信技术的发展开始偏向应用型。英特公司先后推出了两款芯片，个人计算机使用的时代由此开启。第一代移动通信技术在美国、英国等国家开始广泛地应用。80 年代末期同样地提出了 GPS（全球定位系统）、万维网的概念，这些如今已被广泛应用。

90 年代，信息通信技术更加偏向互联网和软件的发展。美国提出了“信息高速公路”的概念，之后互联网进入了许多的家庭。如今电脑广泛使用的 windows 系统也是在这一时期诞生。这个年代提出了诸多与数字相关的概念，比如数码相机。随着社会的发展，人们对于通信的时空要求也越来越高，这极大地促使了通信技术的迅猛发展。这一阶段的通信方式，已经迈向了新的台阶，时空距离大大缩短，但相对来说还有进一步发展的空间。

3. 当代信息传播技术发展现状及其特点

（1）信息通信技术的现状

现代化的信息通信技术是指 ICT，它是信息技术和通信技术的融合体，21 世纪以来发展迅速的互联网、物联网、大数据和云计算，都是信息通信技术的具体技术应用。与之前的信息和通信技术相比，21 世纪以来的信息技术更加注重智能化发展，可以说，它开启了人类的智能化时代，实现了图像、声音、数据的广泛收集、识别与整理，并且实现了数据之间的交互。

随着信息通信技术的发展，世界进入了万物互联的时代。同时，ICT 的发展改变了人们生产生活的方式，促进了生产力的变革，并形成了数字化浪潮，促使各领域向着数字化、智能化的方向发展。

（2）信息通信技术实现从单向到双向的发展

人们对于信息的看待从总体逻辑上经历从单向到双向的过程，这一过程是人们在信息技术的发展中逐步认识到传播本质的过程，也是人们不断发掘出信息传播在生产中作用的过程。

早期人们对于传播的认知是一种单向传播的过程，其中具有代表性的是拉斯韦尔与香农、韦弗等人对于传播模式的总结。在上述的两种传播模式中，传播行为被视作是从 A 到 B 的一个流动过程，虽然上述模式为人们揭示了传播过程中信息的基本流通方式，甚至还向人们展现了传播的效果并不是绝对的而可能会受到传播内容或者预期之外噪声的影响，但是这一阶段人们对于传播的理解并没有考虑到受传者可能对于传播内容的回应与反馈等要素。这种传播模式体现了信息在大众媒体时代甚至更早期的传播特点，在电子媒介出现之前，无论是远距离人际传播还是群体传播大多只能依靠于人力的传递，即马克思所谓的“口传电报”时代，由于信息传递时间较长，受传者难以实时对于传播者的信息做出回应，因此在此时传播几乎是一种单向的行为。虽然电子媒介的出现使人际的远距离传播可以通过电报或电话得到及时的回应，但是这一时期面向社会不定量多数的大众传播所依靠的电视或广播等媒介依然只能单向地传递信息给受众而难以及时接收到受众的反馈，这意味着此时大众传播的信息传递依旧符合单向传递的模式。虽然单向传递模式未能完全揭示人类传播的本质，但是这种传播模式较为客观地反映了当时的传播实际的状况。同时在这一模式中人类最早发现了信息传播行为中可能出现的噪声等干扰因素，这不仅使人们知道了如何正确利用信息指导生产，更为重要的是这开始在人类的生产体系中催生出了专门从事信息生产与信息管理的相关产业，开创了人类生产活动的新领域。在该领域的生产实践中，人们从认识到信息传播中的不确定因素一步步迈向了开始试图控制传播中不确定因素的探索，这更是催生出维纳的控制论思想。

维纳控制论的核心是对于反馈论的强调，具体到信息传播领域而言，维纳认为传播和人体一样是一个有机系统，而反馈是维持这一系统正常运行的重要基础。无独有偶，在这一时期，传播学者威尔伯·施拉姆同样强调传播反馈在信息传播中的作用，甚至他强调在传播开始之前传播者需要对于受传者进行调研以决定自身传播的内容与叙事方式，施拉姆将其称为“前馈”。这一时期对于信息反馈作用的研究催生出了两大信息传播研究成果：其一是斯图亚特·霍尔对于“编码解码的研究”，这一研究再次强调了受众在传播过程中的能动性，为日后个性化、分众化的信息生产指明了发展道路；其二是在当时，施拉姆由传播中反馈作用的重要性意识到传播绝不是一种单向行为而是一种双向互动，这使施拉姆在香农与韦弗模式的基础上提出了新的传播模式。

在以“奥斯古德和施拉姆”模式为代表的传播模式中，受传者与传播者处于一种平等的地位，双方均可以就对方的信息进行能动的解码，同时也可以对自己的信息进行能动的编码并传递给对方。需要注意的是虽然施拉姆认为在对于大众的传播中，大众只是可能能够给大众媒介进行反馈，但是施拉姆已经强调了在接受大众传媒内容的同时进行大众之间的平等传播。此后赖利夫妇根据施拉姆模式提出了系统论的理论，在大众传播的模式中考虑到个人所属群体所发挥的作用。马莱兹克则进一步对这一模式进行修正，加入了一些影响传播效果的因素，使传播模式更加完善。麦克卢汉指出，媒介是一个时代真正的信息，有了一定媒介才有了一定的社会活动。在这一时期随着电话的进一步普及，远距离传播的即时性得到了保障，因此传播活动是一种双向互动的特征进一步得到了体现。而随着互联网的出现，大众传播中反馈滞后的问题得到了解决。此时原本属于专业媒体的大范围传播特权也被打破，社交媒体的无界性使得个人化的传播内容也获得跨越时间空间得到大范围传播的可能性。彭兰将这一时代的传播模式总结为节点化的传播，她认为在互联网中受众与传播者的身份已经不再固定，人们更像一种节点化的用户，他们分属于不同的群体，在阅读信息的同时也在生产信息，更利用自己的转发权充当信息的把关人，影响着信息的流量与流向。在上述种种一脉相承的信息模式中，人们意识到受众的反馈作用以及在信息传播中能动性的重要，因此这催生了一系列新的生产模式。

首先，人类传统生产活动与信息的关系愈加密切，在当下无论是信息产品或传统工业产品都更加强调分众式生产以满足多元群体的个性化需求，而这必须紧密依靠信息的指导。此外当今信息生产主体已呈现多样化的趋势，机器传感器对于生产的反馈信息也在适时引导生产并保障生产的安全。

其次，除传统产业以外，如今节点化的传播模式也带来了更多元的生产方式。随着个人传播信息能力的增强以及人们对于信息需求的增加，人们的认知盈余有了变现的可能，如今知识经济不仅为信息生产者自身创造了更多的收益，也使得知识的消费者获得了更强的技能去参与社会实践。而在当下，随着直播、短视频等产业的发展，人们在传播生产中也催生了更多具有情感价值的内容，例如通过直播等在场营造陪伴感的信息服务为当今感到孤独的人们带来了慰藉，也催生了新的消费风口。

最后，随着当下节点化传播模式的兴起，生产与消费的界限被打破。彭兰认为人们在对信息的消费中不知不觉地参与着生产，这种生产一种是可见的，即人们在对于信息的消费中会基于个人的兴趣进行二次创作或者转发，这种过程可以被视作是一种为原有信息丰富内容并扩大影响力的劳动，基于这种生产，原有的信息可以获得更大的关注与影响力。而维斯福特则指出了另一种生产，他认为当下基于算法推荐模式的精准化内容投放与生产都离不开数据的支撑，而这种数据正是来自用户的信息消费历史与习惯。这也就意味着用户在对信息的消费中不知不觉成了免费数字劳工，他们不断地为信息生产者的精准化生产提供着免费的数据，从社会伦理来看这与达拉斯·斯麦茨所提出的“信息免费午餐”一样，本质上是一种对于受众的剥削性行为。

（三）信息通信技术的本质及其功能作用

信息通信技术的本质实际上是人与人之间交往的需求，它的出现与发展源于人们对交流沟通的需要。信息通信技术的发展进一步巩固了人与人之间的关系，交流不再受制于地理环境等因素的影响，拉近了彼此之间的距离，使马克思所说的“资本一方面要力求摧毁交往即交换的一切地方限制，夺得整个地球作为它的市场，另一方面，它又力求用时间去消灭空间。就是说，把商品从一个地方转移到另一个地方所花费的时间缩减到最低限度。资本越发展，从而资本借以流通的市场、构成资本空间流通道路的市场越扩大，资本同时也就越是力求在空间上更加扩大市场，力求用时间去更多地消灭空间”成为现实。时间不仅超越了传统的现实物质空间，而且通过新技术打造形成了新的网络空间，人们可以随时随地地借助数字化身份分享动态、交流观点，不再拘束于空间的限制，这是信息通信技术的发展所带来的交往的变化，也就是人与人之间关系的变化。

信息通信技术包含信息服务、数据分析等在内的众多功能。对我国而言，信息通信技术促使着我国的产业变革，促使经济高质量发展。国家曾多次在各种会议中将信息通信技术纳入讨论范畴。本文将重点讨论信息通信技术在赋能生产发展方面的作用。

三、云计算在通信行业应用的分析

在计算机技术和网络技术不断发展的过程中，产生了云计算技术，随着云计算技术的快速发展，其应用范围不断地拓宽，现已应用到了通信行业中。从某种意义上来说，云计算不仅是资源交付模式，更是一种计算模式、使用模式，将其应用在通信行业中，能够最大限度地利用移动通信资源，从而为移动通信用户提供更为优质的服务。

（一）云计算应用于通信行业的优势

1. 计算能力强

在云计算拥有的特点中，强大的计算能力是最重要的特点，其在通信行业中应用时，此特点也是主要优势。随着信息技术的发展，社会的信息化程度不断提升，网络用户对通信和计算能力的要求也越来越高，现如今，计算机自身的计算能力已经无法满足网络用户的要求，同时也在一定程度上限制了网络通信的发展。云计算能够联合多个普通计算机，通过合理的分配和调度，完成大量的运算，由此也决定了云计算强大的计算能力，甚至可以与超级计算机相当。

2. 数据存储安全性高

云计算中包含数据存储中心，具备非常高的安全性及可靠性，能够有效地保证数据安全，可以有效地预防机器损坏、木马病毒等问题，防止数据信息丢失，保证了数据信息的完整性。云计算中的权限管理策略是非常严格的，对于使用者存储的数据、信息以及各种形式的资料，只有使用者本人以及使用者指定的用户才能够使用。数据虚拟化是云计算技术建立的基础，在云计算中，服务器被虚拟化，存储设备、网络底层设备的底层硬件都被虚拟化。云计算之所以能够广泛地应用于通信行业中，主要的一个原因就是比较高的数据存储安全性。

3. 实现数据信息共享

通信行业应用云计算之后，数据信息共享可以轻松地实现，即使是不同设备之间的数据、信息、资料等，同样可以实现共享。云计算模式下，通过云平台来存储数据信息，使用者的终端接收设备接入互联网之后，就可以访问云平台中的数据信息，并按需使用。在虚拟化技术的基础上，建立起相应的资源池，用户依据自身需求，选择使用的共享资源。在云计算中，包含自动资源调动系统，该系统的运行速度非常高，同时安全性比较好，当某台计算机出现问题时，系统可以进行自动设置，实现其他设备接受服务，同时，在数据备份和恢复机制的作用下，对存储数据进行保存和恢复，实现数据存储的安全性。

4. 对客户端要求低

云计算对客户端的要求是非常低的，一般的移动无线设备均可以成为云计算接收设备，此外，通过客户端的浏览器，用户也可以对云计算中的存储数据进行使用和编辑，这个过程中，无须安装任何软件。当前，移动互联网设备的发展速度非常快，云计算也得以大规模的发展与推广，并促使移动互联网设备功能的丰富。在网络化的访问和使用中，服务器对终端的敏感性降低，在网络服务器终端中，云计算完成复杂的计算分析任务，同时，使用者终端设备通过简单、标准化的接口，实现数据信息的接收和使用。

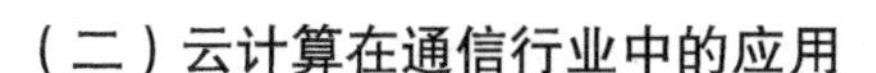

（二）云计算在通信行业中的应用

1. 总体架构

通信行业中，不同的用户具有不同的信息化需求，通过对需求的聚焦，在满足需求的基础上，实现宽带网络及基础设施专业化服务，在发展的过程中，逐渐地成为资源云服务的主导提供商。开放能力云，与合作伙伴一起，为用户提供各种类型的云应用，提供云计算集成和应用服务。构建云应用环境，具备开放、灵活、安全的特点，同合作伙伴一起，为客户提供优质的云服务。

2. 实现云计算功能

通信行业需完成基础资源服务类产品的开发和部署，比如云主机、云存储等，为用户提供公有的云服务，同时，为私有云和混合云用户提供租用服务，满足客户的资源需求。在通信行业发展的过程中，需要促进电信能力开放速度，将产业链优秀资源聚合到一起，连接用户以及应用开发者。具体说来，云计算功能的实现可以通过以下几个方面来进行：建造资源和能力聚合平台，为合作伙伴提供产品升级、开拓市场所需的能力和资源，同时，与合作伙伴一起，为用户提供多元化的解决方案；提升电信服务能力的效率，实现政企客户差异化服务；提供一站式产品交付服务，集开发、测试、部署于一体，将产品创新门槛降低，实现快速产品研发；在优势资源、能力服务的基础上，实现 SaaS 应用云的搭建和全网服务；在资源云部署的基础上利用应用云，提升资源的部署速度，实现资源的弹性调度；开放能力云，吸引合作伙伴，提升电信网络通信能力的嵌入开发速度，并实现应用的移动化延伸；构建云管理平台，提升应用云的加载速度，进而提升服务质量。

3. 在国内通信行业中的应用

国内通信行业以三大运营商为主，分别为中国移动、中国联通以及中国电信，现今，这三大通信运营商已经广泛地应用云服务。

在中国移动云服务中，云服务规划已经完成，云资源池建设在南方基地，向各种类型的客户提供云服务，中国移动云服务指定的目标市场为大型企业、互联网企业、MM 开发者以及中小企业，产品策略主要有两方面：第一，面向公众客户，提供标准互联网服务，公众客户主要是指个人开发者和互联网，通过标准服务模式向客户提供服务，用户需要申请和开通业务时，以自服务为主，无须进行比较多的面对面接触；第二，面向企业客户，提供个性化的运营服务，企业客户主要是指企业和政府，通过 IDC 资源的获取，有针对性地为客户提供个性化服务。

在中国联通云服务中，服务的定位为 VDC，中国联通的 VDC 服务主要是面对大客户和中小企业客户开放。在大客户方面，通过中高端硬件设备，建设 VDC 资源，为大客户提供私有云服务；而在中小企业客户方面，重点是传统的小型网站。中国联通主要的产品有四项：第一，云主机；第二，弹性计算；第三，云存储；第四，云终端，WCDMA 制式是中国联通的优势。

在中国电信云服务方面，中国电信面向中小企业推出商务领航产品，业界认为，这是最早的云计算应用。经过几年的发展之后，中国电信的云计算运营管理能力已经比较强大，为企业及个人用户提供云服务时，安全性及可靠性都比较高。

四、数据挖掘技术在移动通信中的应用

随着国内电信市场竞争的日趋激烈，电信运营商的经营模式逐渐从“技术驱动”向“市场驱动”和“客户驱动”转化。这就要求运营商要采取以客户为中心的策略，根据客户的实际需求提供多样化、层次化、个性化的服务解决方案。因此，客户关系管理（CRM）成了电信运营商增加收入和利润，提高客户满意度、忠诚度的有效工具。在客户关系管理的流程中，为了准确、及时地进行经营决策，必须充分获取并利用相关的数据信息对决策过程进行辅助支持。近几年迅速发展起来的数据挖掘技术就是实现这一目标的重要手段。

（一）数据挖掘在客户关系管理中的应用

电信运营商拥有许多成熟的数据库应用系统，如网管系统、财务系统、计费账务系统、障碍管理系统、缴费销账系统等，并产生了大量的业务处理数据。如果针对客户关系管理相关决策分析的需求，对这些数据进行重组整合，就能充分利用这些宝贵的数据，体现信息的真正价值。数据挖掘技术在电信行业客户关系管理的主要应用领域如下：

1. 客户消费模式分析

客户消费模式分析（如固话话费行为分析）是对客户历年来长话、市话、信息台的大量详单、数据以及客户档案资料等相关数据进行关联分析，结合客户的分类，可以从消费能力、消费习惯、消费周期等诸方面对客户的话费行为进行分析和预测，从而为固话运营商的相关经营决策提供依据。

2. 客户市场推广分析

客户市场推广分析（如优惠策略预测仿真）是利用数据挖掘技术实现优惠策略的仿真，根据数据挖掘模型进行模拟计费和模拟出账，其仿真结果可以揭示优惠策略中存在的问题，并进行相应的调整优化，以达到优惠促销活动的收益最大化。

3. 客户欠费分析和动态防欺诈

通过数据挖掘，总结各种骗费、欠费行为的内在规律，并建立一套欺诈和欠费行为的规则库。当客户的话费行为与该库中规则吻合时，系统可以提示运营商相关部门采取措施，从而降低运营商的损失风险。

4. 客户流失分析

根据已有的客户流失数据，建立客户属性、服务属性、客户消费情况等数据与客户流失概率相关联的数学模型，找出这些数据之间的关系，并给出明确的数学公式，然后根据此模型来监控客户流失的可能性。如果客户流失的可能性过高，则通过促销等手段来提高客户忠诚度，防止客户流失。这就彻底改变了以往电信运营商在成功获得客户以后无法监

控客户流失、无法有效实现客户关怀的状况。

（二）数据挖掘的应用实例——客户流失分析

一个完整的数据挖掘过程可进一步细分为：业务问题定义，数据选择，数据清洗和预处理，模型选择与预建立，模型建立与调整，模型的评估与检验，模型解释与应用。

1. 业务问题定义

针对客户流失的不同种类分别定义业务问题，进而区别处理。在客户流失分析中有两个核心变量：财务原因 / 非财务原因、主动流失 / 被动流失。客户流失可以相应分为四种类型，其中非财务原因主动流失的客户往往是高价值的客户，他们会正常支付服务费用，并容易对市场活动有所响应。这种客户是我们真正需要保住的客户。此外在分析客户流失时必须区分集团 / 个人客户，以及不同消费水平的客户，并有针对性地制定不同的流失标准。

例如，平均月消费额 2000 元的客户连续几个月消费额降低到 500 元以下，就可以认为客户流失发生了，而这个流失标准不适用于原来平均月消费额 500 元的客户。国外成熟的应用中通常根据相对指标来判别客户流失，例如大众的个人通信费用约占总收入的 1%～3%，当客户的个人通信费用远低于此比例时，就认为发生了客户流失。

2. 数据选择

数据选择包括目标变量的选择、输入变量的选择和建模数据的选择。

（1）目标变量的选择

客户流失分析的目标变量通常为客户流失状态。根据业务问题的定义，可以选择一个已知量或多个已知量的组合作为目标变量。实际的客户流失形式有两种：因账户取消发生的流失，因账户休眠发生的流失。对于因账户取消发生的流失，目标变量可以直接选取客户的账户状态（取消或正常）。对于因账户休眠发生的流失，可以认为持续休眠超过一定时间长度的客户发生了流失。这时需要对相关的具体问题加以考虑：持续休眠的时间长度定义为多少？每月通话金额低于多少即认为处于休眠状态，或者是综合考虑通话金额、通话时长和通话次数来划定休眠标准？选择目标变量时面临的这些问题需要业务人员给予明确的回答。

（2）输入变量的选择

输入变量是模型中的自变量，在建模过程中需要寻找自变量与目标变量的关联。输入变量分为静态数据和动态数据。静态数据指不常变化的数据，包括服务合同属性（如服务类型、服务时间、交费类型）和客户的基本资料（如性别、年龄、收入、婚姻状况、学历、职业、居住地区）；动态数据指频繁或定期改变的数据，如月消费金额、交费记录、消费特征。业务人员在实际业务活动中可能会感觉到输入变量与目标变量的内在联系，只是无法量化表示出来，这就给数据挖掘留下了发挥的空间。如果一时无法确定某种数据是否与客户流失概率有关联，应该暂时将其选入模型，并在后续步骤考察各变量分布情况和相关性时再行取舍。

（3）建模数据的选择

客户流失的方式有两种。第一种是客户的自然消亡，例如身故、破产、迁徙、移民而导致客户不再存在，或者由于客户服务的升级（如拨号接入升级为 ADSL 接入）造成特定服务的目标客户消失。第二种是客户的转移流失，通常指客户转移到竞争对手，并使用其服务。第二种流失的客户才是运营商真正需要关心的、具有挽留价值的客户。因此在选择建模数据时必须选择第二种流失客户数据参与建模，才能建立有效的模型。

3. 数据清洗和预处理

数据清洗和预处理是建模前的数据准备工作，一方面保证建模数据的正确性和有效性，另一方面通过对数据格式和内容的调整，使数据更符合建模的需要。数据整理的主要工作包括对数据的转换和整合、抽样、随机化、缺失值处理等。例如按比例抽取未流失客户和已流失客户，将这两类数据合并，构成建模的数据源。此外，模型在建立之后需要大量的数据来进行检验，因此通常把样本数据分为两部分，2/3 的数据用于建模，1/3 的数据用于模型的检验和修正。

4. 模型选择与预建立

在模型建立之前，可以利用数据挖掘工具的相关性比较功能，找出每一个输入变量和客户流失概率的相关性，删除相关性较小的变量，从而可以缩短建模时间，降低模型复杂度，有时还能使模型更精确。现有的数据挖掘工具提供了决策树、神经网络、近邻学习、回归、关联、聚类、贝叶斯判别等多种建模方法。可以分别使用其中的多种方法预建立多个模型，然后对这些模型进行优劣比较，从而挑选出最适合客户流失分析的建模方法。此外数据挖掘工具还提供了选择建模方法的功能，系统可自动判别最优模型，供使用者参考。

5. 模型建立与调整

模型建立与调整是数据挖掘过程中的核心部分，通常由数据分析专家完成。需要指出的是，不同的商业问题和不同的数据分布属性会影响模型建立与调整的策略，而且在建模过程中还会使用多种近似算法来简化模型的优化过程。因此还需要业务专家参与调整策略的制定，以避免不适当的优化造成业务信息丢失。

6. 模型的评估与检验

应该利用未参与建模的数据进行模型的评估，才能得到准确的结果。检验的方法是使用模型对已知客户状态的数据进行预测，将预测值与实际客户状态做比较，预测正确率最高的模型是最优模型。

7. 模型解释与应用

业务人员应该针对最优模型进行合理的解释。如发现开户时长与客户流失概率的相关度较高，利用业务知识可以解释为：客户在使用一定年限后需要换领新 SIM 卡，而这一手续的繁琐导致客户宁愿申请新号码，从而造成客户流失。通过对模型做出合理的业务解释，可以找出一些潜在的规律，用于指导业务行为。反过来，通过业务解释也能证明数学模型的合理性和有效性。在模型应用过程中，可以先选择一个试点实施应用，试点期间随时注意模型应用的收益情况。一旦发生异常偏差，则立即停止应用，并对模型进行修正。试点结束后，若模型被证明应用良好，可以考虑大范围推广。推广时应注意，由于地区差异，模型不能完全照搬。可以先由集团总部建立一个通用模型，各省分公司在此基础上利用本地数据进行修正，从而得到适用于本地的精确模型。在模型应用一段时间，或经济环境发生重大变化后，模型的偏差可能会增大，这时应该考虑重新建立一个实用性更强的模型。

第二节　云计算技术解决企业信息问题

企业自动化是一项十分复杂且重要的工作，多数企业都引进了云计算对内部运行数据、信息进行计算，使企业自动化系统更加科学、合理，不仅有效减少了投入资金与人才，还有效提高了企业人员工作效率。目前，企业相关技术人员较少，且对其并没有较多认知。只有企业深入了解云计算的作用，才能找到云计算中适合企业发展需求的应用程序，使企业能实现信息化运行方式，提高企业信息化质量和水平。

一、提高企业信息化水平

在该类计算机还未出现前，企业通常会购买一些硬件资源，如服务器等。一部分企业会购买信息化软件系统，还有部分企业会委托该系统的开发商研发一套适合企业现状的信息化系统，而后将其安装在内部服务器上，由企业员工负责维护、更新等工作。

云计算出现后，企业可按照运营现状将其作为基础设备或是租用其应用程序。企业如果有硬件或是软件资源，可将其融合到其中，云计算应用程序将会构建专属于该企业的云，如计算超出了企业云的能力范围，将会挑选部分公有云进行计算，这样不仅满足了企业对其的基本要求，又可节省建设成本。由于中小企业的信息化程度普遍偏低，且能够使用的软硬件资源又较少，通常工作人员会把日常的生产性管理转移到云状态里，可有效节省企业投入管理的资金，而且不用消耗过多的精力，为内部搭建一个较为繁杂的 IT 结构，且云在进行计算时，会将较为复杂的工作进行分割处理，提高了计算效率。

企业信息化作为全国经济信息化的基础，是一个动态的发展过程，也是领域和区域信息化建设不可或缺的关键一环。市场竞争中，各企业信息化发展存在明显的差异，一些企业部门信息化意识有待提高。

（一）企业信息化概念

信息化可以定义为：把现代信息技术应用于社会经济各个领域，发掘信息资源的潜力，形成在国民经济和社会发展中居主导地位的信息产业，推动经济和社会优质发展的过程。

其实，自从有了人类社会，就已经存在“信息化”的问题。但是，直到现代电子信息技术的出现，才使得电子信息的高速处理、大范围与规范传输、可靠储存、方便使用成为可能，信息的传播空前地快速和广泛，信息的应用空前地丰富，信息在人类生产生活中的作用终于完成了量变到质变的过程，信息成为比资金、劳动更重要的经济增长的要素，信息资源和网络成为社会经济的基础设施，电子信息产业成为经济发展的中坚力量。

信息化无疑是指由信息技术推广和应用、信息资源开发利用及产业化所组成的整个信息革命的发展过程。信息化是随着信息时代的到来而提出的一个社会发展目标，它的实质是要在人类信息科学技术高度发展的基础上实现社会的信息化和信息的社会化。信息化至少具有三方面的指针：一是信息处理和传播方式的巨大进步；二是先进的信息处理和传播方式的广泛普及化应用；三是由此对社会面貌、社会状态、社会结构和体制的全方位、综合性和全息性的改造。

（二）企业信息化的内涵

我国信息化工作的核心和基础是企业信息化，企业信息化是现阶段国家信息化工作的重点也是难点。

企业信息化是生产力和生产关系的技术进步。自世界上第一台计算机诞生以来，电子信息技术高速发展，其普及应用和广泛渗透为企业的产品设计、制造、办公和管理提供了工具。同时，职能管理层、经营决策层和电子商务层的信息化改变了传统企业的组织关系。企业信息化在管理、经营上的变化和时空上的拓展，特别是互联网的出现，为电子商务提供了基础条件，电子商务为企业信息化增添新的内涵。企业信息化大大拓宽了企业活动的时空范围：在时间上，企业信息化以客户需求为中心实施敏捷制造和集成制造；在空间上，企业信息化以虚拟形态将全球聚合在一起。

企业信息化的实质就是把信息看作企业的一种战略资源，通过信息技术的广泛采用，提高信息资源利用程度，使信息技术与信息资源的综合利用和企业的发展目标融为一体，使企业在产品、成本、技术、人力资源等方面获得竞争优势，从而最大限度地提高管理水平、决策质量和服务水平，加快对外部变化的适应速度，最终达到提高竞争力的目的。

具体而言，企业信息化的内涵包含五个方面的内容：

1. 产品信息化

产品信息化要使用好两个技术，一是应用数字技术，增加传统产品的功能，提高产品的附加值。二是应用网络技术，增加产品的附加值。产品的质量改变不大，最大的差别在于通过服务提高了产品的附加值。

2. 设计信息化

即产品设计、工艺设计方面的信息化。目前应用较为普遍的是计算机辅助设计（CAD）系统，设计信息化还包括计算机辅助工艺规程设计（CAPP）系统应用、计算机辅助装配工艺设计（CAAP）系统应用、计算机辅助工程分析（CAE）系统应用、计算机辅助测试系统应用、网络化计算机辅助开发环境、面向产品全生命周期活动的设计（DFX）系统二次开发与应用以及产品建模、模型库管理和模型校验系统开发与应用。

3. 生产过程信息化

即自动化技术在生产过程中的应用，用自动化、智能化手段解决加工过程中的复杂问题，提高生产的质量、精度和规模制造水平。其中主要应用包括数控设备的应用、计算机生产过程自动控制系统应用、生产数据自动收集、生产设备自动控制、产品自动化检测及生产自动化覆盖等。

4. 企业管理信息化

企业通过管理信息系统的集成，提高决策管理水平。主要应用层面包括企业资源规划（ERP）系统、供应链管理（SCM）系统、客户关系管理（CRM）系统和辅助决策支持（DSS）系统。

5. 市场经营信息化

通过实施电子商务，可以大大节约经营成本，提高产品的市场竞争能力，从而提高经济效益。

（三）企业信息化建设对企业管理的帮助作用

1. 提高管理效率

现代企业内部管理事务繁多，如果管理效率低下就会拖慢企业运作，不利于企业发展，因此现代企业非常重视管理效率与效果。但以往管理体系依赖人工，受人工能力限制，管理效率相对低下，且难以提升，如企业需要向内部所有部门发放重要文件，以便执行管理，人工模式下这个过程就相对漫长，需要逐个发放，过程中还可能因为人员外出而受阻。而通过信息化建设，企业可以借助信息技术连通网络，随后通过网络可将文件或其他管理信息在同一时间发放到相关人员的移动设备上，无须逐个发放，也不受人员外出影响，管理效率大幅提升。另外，企业信息化建设对管理效率的帮助不止于此，其作用体现在方方面面，总计下来能大幅提高管理效率。

2. 提高管理精确性

企业之所以展开内部管理工作，是为了保障企业内部一切事务的运作和发展贴合企业的发展方针与规范，因此企业必须重视管理精确性，对症下药，解决不符合方针要求或相关规范的问题。但以往管理体系在精确性上有所欠缺，很多时候企业只知道内部存在的问题，却不知道问题的具体情况，故只能从宏观着手进行管理。诸如企业发现近期业务收益有明显下滑，但因为缺乏对应信息，所以不知道业务收益下滑的原因，只能不断强调业务的重要性，希望工作人员能够重视业务开发与发展，而宏观上的管理往往不能起到应有效果，有效性较差，也说明企业以往管理体系精确性不足。而借助信息技术，企业能够实时搜集内部事务的动态信息，故企业在管理中能得到完整的信息支撑，依照信息进行分析可知问题的具体情况，以便对症下药进行管理。同时在管理有效性明显提升的情况下，企业员工也会得到合理约束，说明管理有效性得到保障。

3. 减轻管理负担

面对繁多的管理事务以及经常发生的意外情况，企业内部管理人员的工作负担巨大，导致管理人员工作状态不佳，不能很好地解决问题。造成这一现象的原因就是内部管理太过依赖人工，事事都要管理人员亲力亲为，而企业又不能为了做好管理盲目扩充人力。但借助信息技术，企业内部管理负担会明显减轻，原因在于应用现代先进的信息技术能够在一定程度上取代人工完成工作。诸如借助先进信息技术能够对管理信息进行全面分析，且分析效率、分析深度等也远超人工，故管理工作对人工的依赖度大幅降低，管理人员承受的管理负担也自然降低。

4. 提高管理信息可信度

通常情况下企业内部管理架构可以分为决策层、传达层、执行层三个层次。层次虽然不多，但涉及内容却比较复杂，一些管理人员在自身管理活动中出现违规操作，往往以管理的复杂性为借口，导致决策层做出误判，或者长时间不知情，待发现后已经于事无补，这种现象说明管理信息可信度低。举一个真实的案例，某企业高层拟开发业务项目，要求中层财务人员展开预算编制工作，并负责之后的预算执行管理工作，而中层财务人员为了私利，谎报项目数据，导致实际仅需要 200 万元的项目变成了需要花费 230 万元的项目，那么多出的 30 万元显然就成了中层财务人员的私利。同时因为中层人员对事务全权负责，能够通过各种手段隐瞒真实情况，待到尘埃落定，就不会有人再追究，说明该企业内部管理信息的可信度低。而在信息技术作用下，企业高层做出决策后可以放心传达给中层人员或者是基层人员，让他们根据决策要求执行，同步利用信息技术对工作执行情况进行远程监控。如通过技术手段远程观看现场情况，这样高层就能获得真实可靠的信息，若发现现场信息与上报信息不符，至少能确认活动中存在异常，彻查即可解决问题，因此信息技术的应用使得管理信息可信度提升。

（四）企业信息化建设中存在的问题

目前来说，各企业面对的主要问题如下。

1. 资源使用效率不高

每个系统之间相互孤立，各业务部门承受的工作内容增加并且各自占用服务器，数据和应用具有分散式特点，硬件被资源分割，导致系统之间集成难度大，无法进行灵活调度和适时配置，资源不能有效循环利用，成本过高。

2. 技术和规范不统一

每套系统的开发技术和应用的上线部署都不一样，缺乏统一的规范和标准，导致部署流程复杂、效率低且对技术依赖严重，难以适应业务相关要求。

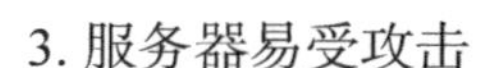

3. 服务器易受攻击

一旦内外网平台的服务器受到严重攻击，企业核心数据会被不法人员窃取，企业办公系统随之瘫痪。例如分布式拒绝服务（DDOS 攻击），这是网络中典型的攻击类型之一，其向集团外网短时间内发起大量的数据请求，意图达到瘫痪网络或者服务器死机的目的。

4. 维护与管理难度大

信息化建设是一个长周期工程，在旧模式中，各种资源（如技术、硬件）之间缺乏信息互通与共享机制，难以实现灵活调度，阻碍了信息化服务水平和资源使用效率的快速提升。

因此在信息经济时代中，各单位相关部门应独立建设全局性的信息系统，持续提升整合信息能力，充分认识信息化从分散向集中、持续发展完善的规律。

二、企业信息化建设运用云计算技术的影响分析

云计算技术的应用，对企业的技术水平以及管理能力都会产生不同程度的影响。

（一）降低企业信息化建设成本

云计算具有经济可靠、按需服务的优点，对处于快速发展期的企业，搭建云计算平台后则不需要购置其他的硬件和软件，只需要根据需求从资源池中直接获取资源即可快速完成，按照使用量和能效来进行付费。通过这样的方式，在整个业务工作周期内对企业来说能够最大限度节省各方面资源消耗的成本。云计算平台可弹性扩展资源，进行灵活配置，达到满足多种多样的业务需要的目的。除此之外，节省系统开发和经营成本也是云计算的优势所在。中小企业所用到的数据等资源都运行和保存在提供商的服务端，这可以实现企业的运营成本的精准布控，提升企业在整个市场的核心竞争力。

（二）提升企业信息化建设效率

对绝大多数企业而言，通过云计算技术可以节省传统项目工作的实施周期，大大节约企业信息化建设的时间。处于成长期的企业可以通过合理划分计算存储资源，应用云服务将大量数据保存在云计算的数据中心服务器中，这与不同企业的业务成长速度相匹配。结合现代企业信息化进程，云计算技术提供标准规范化的资源服务，企业或用户能够快速访问所需要的信息资源和业务系统。

（三）降低企业信息化建设风险

信息时代背景下，众多云计算服务商具有信息管理的标准化水平以及统一规范性，它们为大多数企业提供所需要的服务。云计算各级服务商有先进的信息理念、超前的技术、充足的资金和稳定的产品线，工作范围广泛，提供多层服务器安全运营技术手段，可有效防范企业在开发过程中的风险，具有稳定可靠性。因此，这有助于提升企业日常工作效率，满足市场交易和对外交流的场景需要，使相关理念逐步规范化与标准化。

三、云计算技术在企业信息系统建设中的应用分析

（一）云计算技术信息化平台设计模式

随着“互联网+”上升为国家战略，大型企业集团越来越需要通过更加深入的信息化来提高公司的核心竞争力和市场地位。就大型集团型企业而言，传统的竖井式服务器和存储架构缺乏灵活性，资源有效利用率低，同时持续增长的空间占用和能耗不断增加信息化运营成本。因此大型企业在其信息化基础设施规划和建设中，必须要由粗放型、分散型向集约型整合模式转变，要充分利用云计算技术，有效整合网络、服务器、操作系统、数据库及中间件等基础设施资源，改善IT资源利用率。

1. 基于云计算的企业信息化基础设施平台建设方案

随着企业信息化建设的全面深入，建设和实施的企业信息化管理系统越来越多，因此对服务器的需求也日益增加，新服务器的增加不仅对数据中心的空间提出了严峻的考验，而且使数据中心的运营成本大大提高。采用云计算思想进行基础设施和计算环境建设，无疑是最佳解决方案。

采用云计算技术架构进行基础设施建设，带来的好处包括：提升信息化服务水平；降低数据中心运营成本；提升运维效率、保障业务连续性；提升新业务管理系统上线速度；有效保护信息化投资，为企业实施云计算奠定基础。抛弃传统的竖井式服务器和存储建设架构，采用先进的虚拟化技术对数据中心的基础设施进行规划和建设，从而为集团未来搭建云计算平台奠定基础。

2. 云计算环境下的数据备份及容灾方案

随着虚拟化环境进入生产系统后，对存储、网络都有较大的负载，对业务持续性要求极高，由于发生虚拟化主机、存储等设备异常宕机、数据存储硬盘损坏等威胁到数据完整性的问题，给系统维护以及数据安全带来极大的影响，因此需要进行整个虚拟化环境实现虚拟机数据的容灾备份，同时可以在存储设备出现故障时进行快速的切换。

方案设计的设备和软件包括：服务器IBM3650、数据存储IBM V3700、虚拟机操作系统esxi5.1、虚拟机管理平台vcenter5.1、虚拟机功能包括HA和Vmotion。

方案描述如下：利用IBM V3700 Remote mirror模块，实现两台V3700存储间实时数据备份和容灾，解决存储设备单点故障问题，在其中一台存储出现故障，或者计划内停机时，确保可以使用备用V3700提供数据访问；在整个环境中，使用网络交换机，实现主机多网卡多链路绑定，实现交换机冗余、网卡冗余，可以提高网络带宽，同时实现网卡容错、交换机容错；通过第三方备份软件、备份用磁带机，实现虚拟化环境的自动备份。

方案优势如下：实现整个虚拟化环境无单点故障点，保持业务的高可用性及数据的完整性；通过镜像、HA、热备、离线备份，有效规避物理故障及逻辑故障；操作全部自动进行，故障转移切换迅速；具有可扩展性，高效利用设备资源。

3. 基于云计算的企业信息化基础设施平台应用场景

基础设施平台建成后，将实现全集团信息化基础设施统一规划、统一投资、统一建设及统一运维的四统一原则，由集团的基础设施平台对公司及其子公司提供 IaaS（基础设施即服务）服务，各子公司不需要单独建立数据中心和购买服务器等设备，大大降低了全集团的信息化运营成本。

（二）云计算技术信息化建设模式注意事项

云计算已经发展成为信息经济时代增长不可或缺的产品，有几乎无限的存储能力以及很低的成本，它在提供更大的网络灵活性和促进创新方面发挥了巨大的支持作用。然而，云计算技术不仅带来了巨大的效益，而且对网络安全也产生了巨大的影响，对可靠性提出了新要求，其网络安全威胁可能对企业的业务发展产生不利影响。因此企业在云计算技术信息化建设过程中应遵循相关规范以及增加风险防范意识。

1. 数据安全

在云计算所处共享环境的背景要求下，企业应验证云计算提供商的可靠度，将自身数据与其他企业数据进行隔离加密保护，充分了解供应商的数据恢复能力；对企业核心数据进行加密，确保其在云平台上安全传输和运行；全面制订灾难恢复和备份计划，未雨绸缪，及时将核心数据备份到自己的数据中心或其他托管中心，与合适的伙伴合作以及采用适合企业业务的解决方案，可以应对和缓解最常见的安全威胁。

2. 内部管理

高级管理者应找出掌握企业核心资源的关键部门和人员，进行统一培训，让他们深刻思考和理解，了解和限制访问企业数据的权限，这对降低风险和最大限度地减少人为错误的影响十分重要。使用最低访问权限的方法来限制用户的访问状态，以大系统大业务代替单个功能的系统，持续监控访问并了解平台的活动和使用情况，实现信息标准化、业务流程整合化。通过实施规则和部署必要的加密，可以改变传统管理体制对信息资源占用的情况，利于资源和信息的共享。

3. 费用与成本

与传统的一次性支付模式不同，云计算遵循按需付费模式。虽然云计算系统将高速计算从高消耗变成了经济的“日用品”，但企业仍然需要分析费用何时达到收支平衡，以防止云计算的预算超支。除此之外，企业还需平衡好经济性与计算性能，创造收益最大化，充分考虑云计算所带来的其他相关支出成本。

四、基于云计算技术的企业信息化建设优化策略

云计算具有众多优势，但许多企业在云化过程中仍存在一些问题。当前企业云化转型主要问题有云迁移、应用集成、数据共享、人才不足、后期服务成本高等，接下来将对其中的一些问题给出优化策略。

（一）利用云计算技术完善企业信息化相关工作机制

经济全球化是必然的发展趋势，企业开展远程经济活动也是必然的发展模式。云计算技术的应用使企业可以搭建虚拟场景，确保各项信息化工作有序开展，保证企业信息化建设工作的水平和有效性。企业基于云计算技术的云服务平台要对信息数据进行科学性的规划，结合现代企业的信息化管理体系，合理应用云储存技术。企业应重视信息化建设，加强信息部门的沟通交流，保证信息数据收集和分散性信息数据规范。

（二）以云计算为核心建设企业信息化工作人才队伍

在信息时代背景下，专业人才队伍在企业信息化建设工作中能够发挥至关重要的作用。基于云计算的应用成效与发展潜力，需要企业员工具备相应的技术底蕴。相关部门工作人员需要根据自身工作需求，提升专业能力，以企业核心目标为努力方向，不断提升自身的综合能力和技术水平。通过足够的人才队伍支撑来保证企业信息化建设工作的质量，借助云计算技术，为企业的长远发展提供一定的人才储备。

（三）将云计算技术融入创新工作

云计算作为前沿科学技术应用的重要内容，该平台本身的特点决定了其可以很好地解决企业服务能力不足的问题。开展多种云计算技术的融合创新工作可以有效帮助企业健康成长，例如应用云计算技术，有效解决传统制造企业试验成本高的问题；除此之外，通过VR、AR、生态环境模拟、构件极限调节状态等一系列内容，可以实现多种云计算技术的有机融合。

五、基于虚拟云桌面技术的企业 OA 系统的应用

随着信息技术的快速发展，人们的生活、学习、工作方式发生巨大的变化，这也给现代的企业带来了巨大的挑战。在此背景下，企业必须加快信息化建设进程，将“互联网 + 传统企业”的思想实践到企业的管理与发展中，为企业的转型升级提供保障。由于受到资金不足、技术人才短缺等因素的影响，企业在信息化建设与管理中存在管理难、维护难，信息数据安全难以得到保障等诸多问题，不仅严重制约了企业信息化建设的步伐，更影响着企业的发展。而在企业中应用虚拟云桌面技术可以改变传统 OA 中工作时间、地点的限制。

（一）企业 OA 系统的应用现状

1. 企业信息化建设的意义

在“互联网 +”的大背景下，信息化系统已成为企业发展的重要组成部分。信息技术在企业中的应用，可以有效地提高企业集成管理的效率，促进了企业管理的改革与创新。

首先，企业通过信息化系统的建设和应用，可以改变传统的业务流程，加强企业内部成员的交流和沟通，优化企业的组织结构，充分调动企业员工的积极性，提高企业对市场信息的反应速度，进而使决策更具准确性。

其次，信息技术在企业中的应用改变了传统企业的成本结构，能够有效降低企业成本，提高企业的竞争力。

再次，在互联网技术飞速发展的今天，通过信息化技术的运用，不仅可以有效拉近企业与消费者之间的距离，还能更有效地针对客户的需要研发相关的产品，加快企业产品的更新换代速度，提高产品的差异化。

最后，通过信息化技术不仅可以使企业灵活、便捷地获取市场信息，促进企业间的信息交换，还能使企业的管理更加规范化、流程化，有利于提高企业的管理水平。

2. 企业信息化建设中存在的问题

在企业信息化建设的过程中，存在很多问题，严重制约着企业信息化建设的进程。首先，缺乏信息技术人才。在企业信息化建设的过程中，技术人才短缺导致企业信息化建设过程中的设备无人使用，出现技术问题无人解决的严重问题。其次，很多企业没有认识到信息化建设的重要性，出现了信息化建设的信心不足、决心不够的问题，甚至对信息化的变革充满恐惧。最后，信息管理系统需要不断进行维护和更新，但由于技术人才缺乏以及资金投入不足，企业在信息化建设后期出现的主要问题就是缺乏有效的更新和维护。

（二）虚拟云桌面技术在企业 OA 系统中的应用

在企业信息化建设的进程中，出于对信息化系统建设资金投入、信息化系统管理成本、企业信息数据安全性的考虑，在企业信息化建设中应用虚拟化云桌面技术的优势主要体现在以下几个方面。

1. 降低企业信息化建设的成本

在“互联网 +”的时代，企业为了提高自身的市场竞争力，一般会采购大量的计算机设备、服务器资源等，并将相应的 OA 服务部署在相应的服务器上。在这种模式下，一台服务器通常只承担一种服务应用，会导致服务器资源浪费，并且随着应用的不断深入，服务器的性能无法满足要求，就需要对服务器资源进行升级。同时，用户端的计算机设备也需要不断增加投入，进行更新换代，这将导致企业的信息化建设成本增加。通过应用虚拟云桌面技术，可以将各种服务器资源进行有机融合，将性能较低的多个服务器整合后，使其从逻辑上形成一台高性能的服务器，然后通过云计算技术将其分配给不同的应用，从而有效提高服务器资源的利用率。客户端部分不再采用传统的计算机设备，而是使用瘦客户端代替，通过虚拟云桌面技术、网络连接服务器实现传统的桌面应用，后期只需要对服务器资源进行升级换代即可，有效降低了客户端计算机设备的更新换代成本。

2. 提高企业信息化管理的效率，降低设备维护的成本

在传统的企业 OA 管理系统中，随着企业的规模不断扩大，企业信息化系统的管理维护成本不断增加。通过应用虚拟云桌面技术，不仅能够降低传统桌面操作系统安装、初始化配置、管理、维护的难度，还能提高企业信息化管理的工作效率，有效降低了计算机设备的维护成本。

3. 有效提高企业信息数据的安全性

在OA系统的运行与管理中，最大的问题就是如何有效保障企业数据信息的安全。在传统的OA系统中，用户的数据都独立存放在各自的终端设备中，由于受成本控制等因素的影响，并不能对每一个客户端设备进行数据冗余备份，因此，如果用户终端设备损坏，将会导致信息数据丢失。通过在企业中部署虚拟云桌面技术，将能有效提升企业数据信息的安全性。在虚拟云桌面平台中，用户端的设备并不能存储数据，只是一个接入客户端，所有的数据信息都存储在服务器上，网络管理人员可以在服务器上部署数据冗余备份，只有保障了服务器的安全，才能避免出现信息安全问题。

4. 突破传统企业数字化办公的限制

传统的办公方式需要员工在企业内部完成，但随着企业信息化系统应用的快速发展，需要员工能掌握数字化办公的流程，特别是需要居家办公的时候。因此，在信息化建设的过程中，企业应充分利用云计算技术、虚拟云桌面技术的优势，使数字化办公突破时间、地点的限制。

第三节　云计算技术促进商业运营

在商业运营方面，云计算技术也提供了更多的可能和便利。比如对于一个景区的商业运营而言，在日常对景区进行管理的时候，就可以利用云计算技术来发挥即时平台的功能和作用，去了解每个游客的具体需求，然后通过云计算来全面掌握景区的所有信息情况，包括了解每个游客的信息和情况，针对游客做好全方位服务工作，切身实地为游客着想，帮助游客处理问题、解决麻烦。通过对云计算技术的运用，提高景区的服务质量和安全性能，对景区的经济发展起到促进作用。

一、云计算商业模式创新分析

（一）商业模式创新分析的目的

虽然我国云计算发展相对滞后，但是国内政策环境、产业环境赋予了我国云计算发展的优越宏观条件，指导云计算企业快速找到行业前端、中端和后端市场；帮助企业抓住产业的下游资源，整合产业的上游资源，连接产业的中游资源，形成以云计算为数字基础设施的产业集群。云计算是知识和产品技术密集型的数字信息技术新兴行业。相关企业需要持续的资源投入、产品技术创新，通过企业的组织能力进行企业内部文化和制度的创新来匹配相应的商业模式创新，帮助企业在动态可变的外部环境条件下保持竞争优势。各行各业的中小微企业在不同程度上对信息技术有需求，形成了云计算行业的市场需求，云计算行业需要根据不同产业和行业的现实情况，将云计算的商业模式进行相应的创新和调整，最终和其他企业一起实现在顾客、产品、服务、资金、技术等方面形成盈利模型和产业模式连接，组成数字化产业集群。

不同云计算企业的发展路径有所不同，形成的商业模式也具有不同的特点，为了更快、更好地发展我国云计算产业，需要对云计算企业的商业模式进行分析，帮助云计算企业选择适合自己企业特点、发挥企业优势的云计算商业模式。

分析云计算商业模型创新的目的是评估企业在云计算产业的商业模式是否与动态可变的外部经济市场环境相匹配，衡量企业的产品技术和服务是否以顾客为中心，持续地满足顾客的需求。通过企业的优势资源和能力，为顾客提供独特的价值，实现持续的盈利。分析云计算商业模式的特点、产品技术优势和劣势，结合国内外的产业政策和实证企业的行业特点，实现具有企业独特价值的服务，发挥实证企业云计算的优势，补足企业的劣势。

（二）商业模式创新分析的原则

通过企业的组织管理能力调整和优化企业内部资源和能力，形成持续的学习能力和应对外部环境的动态能力。这种能力可以帮助企业实现产品技术创新驱动的商业模式创新。云计算企业创新过程和成果分析的方法要具备如下原则：

1. 定性原则

定性分析原则强调商业模式设计的方法和重要性，是通过框架和方法论的方式对商业模式创新进行分析的有效工具。定性的分析方法可以借鉴过去商业模式创新的特点，不断地学习、总结和归纳创新要素，迭代和改进现有的商业模式创新。一般在商业模式落地之前，可以使用学术界熟悉的分析模型 PESTEL 分析企业所处的政策、经济、社会文化和技术发展方面的宏观环境，使用 VRIO 方法将企业商业模式创新的内部资源和能力等先决条件进行分析。因此定性分析可以用来分析企业的合作伙伴关系，产品技术商业化落地的市场适应性以及顾客对服务的接受度等方面，可以使用商业模式发展过程和路径形成创新的分析思路。

2. 定量原则

定量分析原则就是用数据说话，即量化分析方法，可以通过基于市场环境进行数据收集（市场数据、财务报表数据等）评估预测分析商业模式是否创新。量化分析方法同样适用于企业商业模式的前期决策、后期效果评估，从而分析商业模式是否创新。

3. 定性和定量结合的原则

定量指标能客观、量化、精准地说明商业模式创新。定性指标可以分析诸如组织资源能力、动态能力、创新能力、学习能力等一些无法量化的指标。定性方法是对定量分析的补充，二者相辅相成。在商业模式创新过程中，企业往往面临着复杂多变和不确定性的动态环境，不能单独地使用定量或定性的方法来分析不可预测的未知环境，需要在商业模式创新的过程中不断地收集定性和定量的信息，一步步调整商业模式拟合和匹配市场顾客需求，将定性和定量分析方法相结合，从不同层面反映商业模式的创新本质。

（三）云计算产业商业模式创新因素

云计算行业商业模式创新因素构成和促进因素可能是因为某种产品技术的出现，也可能是社会的某产业变革形成的企业相互之间的竞争，还可能是企业内部管理的优化以及市场客户对云服务的迫切需求等。通过基于云网络、云存储、云信息安全等方面的技术进步和创新，促进商业模式创新。商业模式创新通过价值主张创新，能更好地满足顾客的需求，为企业自身创造价值；能帮助云计算企业减少成本支出，获取更多收益，实现企业的良性经营和发展，提升企业整体的竞争优势。

云计算提供不间断的服务能力被认为是技术和商业规则的改变者。云计算作为一个创造和传递商业价值的平台，需要相应的商业模式与之匹配。将商业模式中价值创造、盈利模式、客户关系、价值网络、企业内部运营、组织等进行改变，形成具有云属性的商业模式，从而帮助企业在数字化方面抓住市场发展趋势。云计算的技术创新属性可以从灵活的成本控制、快速原型验证迭代的市场适应能力、集中资源关注业务发展、屏蔽底层信息系统的复杂性以及通过云平台的云属性实现上下游的商业生态连接等方面帮助和促进企业进行商业模式创新。商业模式三角结构指出，商业模式由价值主张、盈利模型和价值网络构成。其中价值主张表示企业将为客户提供什么产品和服务，这种产品服务以什么形态传递给客户。企业是否以顾客为中心进行产品和服务升级，传递了企业的核心价值形态是什么。盈利模型解释了企业为什么能盈利，而收入模型则是获取收益的方式。通过设计各种收入机制扩大收入来源，是衡量企业收益能力和成本结构的要素。价值网络说明企业如何与合作伙伴进行连接，是企业的核心价值实现的关键活动系统。价值主张、盈利模型和价值网络的交点就是商业模式的中心，指出企业的目标客户是谁，围绕着服务对象创造什么价值、传递什么价值，如何实现价值捕获，从而实现盈利的模型。

商业模式创新说明企业在这三个方面（价值主张、盈利模型和价值网络）和四个维度（提供什么产品服务，如何实现价值主张，如何实现盈利，服务的目标客户是谁）中全部或部分优化形成了创新。云计算商业模式创新过程表现在从产品技术创新到快速跟随创新，再进行不断的快速迭代实现增量创新，帮助企业不断地形成新的价值增长点和优势地位。

根据研究分析发现云计算商业模式创新包括如下三类。

1. 完善和优化现有的云计算商业模式实现微创新

这种创新将云计算的基础设施、平台和软件构成的三种商业服务模式在现有资源基础上进行微小的调整和创新使之更加合理。通过企业的动态感知能力获取市场对云计算服务的需求趋向，从三个方面和四个维度满足市场需求，基于客户需求不断升级和迭代现有云服务，完善现有商业模式，扩大市场份额，逐渐给顾客提供质量更好的产品服务。通过技术的渐进式发展，积累诸多微小创新，实现云计算服务的外延式发展和微创新。

2. 颠覆性、创造性的云计算商业模式创新

颠覆性表示对原有模式的一种破坏，通过全盘改造原有模式形成一种创造性的全新商

业模式，重新设计价值主张、盈利模型和价值网络。企业通过战略分析、动态感知，结合国家的信息产业政策，重新定义行业前景，重新定义产品和服务类型，重新定义基于云计算服务的行业数字化改造来满足用户的需求。云计算是实现产业数字化基础能力。云计算和视频场景的结合，实现动态可伸缩的数字化会议、在线教育、社交等服务。结合5G技术进一步地颠覆会议、教育等的现有形式，打破人们在时间和空间上的限制。在这种新的商业模式中，云计算和智能终端相结合，通过重云端轻客户端的方式为客户提供全方位的云服务。云计算服务的使用者可以随时通过数字化终端、设备以及智能芯片等和云服务连接，实现信息流、价值流的全双工分布式连接和交互。

3. 改良性的云计算商业模式迭代创新

完善性创新是微小的迭代创新，颠覆性创新具有破坏性，改良性创新是在完善性创新的基础上保留有利于企业商业模式创新的因素，剔除不利于企业发展的部分，但不会大幅度地破坏原有的模式和体系，是一种循序渐进的持续迭代和改进的创新过程。在价值主张、盈利模型和价值网络其中的两个方面进行改良，在云计算中软件即服务是否可以升级为数据即服务，为不同顾客提供不同维度的数据服务，将数据和业务的软件服务框架相结合，与合作伙伴一起动态地为顾客提供灵活的、个性化定制的数据服务。云计算以产品技术为核心驱动的商业模式创新包括：

第一，价值主张和盈利模型相结合的产品服务方向和收入模型的创新升级。

第二，价值主张和价值网络维度的云服务的生产方式、供应链、交付方式的创新。

第三，价值盈利模型和价值网络维度的企业成本模型、组织发展、内外部环境、上下游供应链的价值组合、价值创造、价值传递和价值交付形式的创新。

4. 从创新动力和阻力方面分析商业模式创新

商业模式创新既可以是以产品技术为中心的创新，也可以是以顾客为中心的创新。商业模式创新过程就是由创新动力驱动、创新阻力阻碍共同形成的动态过程。在这个过程中企业需要分析外部市场环境和内部企业环境，有效地组织内部资源和能力应对外部环境变化，抓住市场机遇发挥企业内部资源和能力优势，形成产品技术创新和商业模式创新的促进力量。同时需要在此过程中有效地避免和减少阻碍因素，实现整体的正向发展路径，实现商业模式创新帮助企业降本增效、优化成本以及提高效率。

商业模式创新的动力主要包括四个部分：

第一，国家产业政策引导形成的市场发展机遇引发的商业模式创新动力。

第二,一种新的技术、基础设施和新材料的出现，在新的基础设施上发展出全新的市场需求拉动形成的创新动力。

第三，产业环境中其他企业已经实现了产品技术迭代，本企业不升级迭代将面临失败的环境压力，企业对这种环境压力做出的反应，形成企业反应式商业模式创新动力。

第四，企业的产品和服务往往需要用户的采纳和接受才能产生有效的价值传递，因此为了满足用户的采纳意愿是企业商业创新的动力之一。

商业模式创新阻力主要包括四个部分：

第一，企业的商业模式创新不是某种持续不变的模式，而是一种动态可变的实践过程，因此，企业管理人员需要不断地更新自己的视野，否则就会出现认知缺乏形成的创新阻力。

第二，企业的组织管理结构需要和外部市场环境相匹配，若组织结构不合理，无法有效地应对外部环境变化，也会形成组织结构不合理的创新阻力。

第三，商业模式创新往往需要与之相匹配的资源和能力投入，若资源和能力投入不合理会形成资源和能力创新阻力。

第四，企业管理者对外部环境分析不到位，信息掌握不准确，将会在决策中错误地配置资源因而形成应对外部环境的创新阻力。

二、云计算技术在促进商业运营方面的作用

云计算技术在促进商业运营方面具有重要作用，以下是几个方面的说明：

（一）提高效率

云计算技术可以为企业提供高效的资源管理和协作工具，例如虚拟服务器、应用程序和存储空间等。这些工具可以帮助企业降低运营成本，提高生产力，减少 IT 管理时间，从而更好地满足客户需求。

（二）提升可靠性

云计算技术可以为企业提供高可靠性和稳定性的计算资源。企业可以利用云计算平台提供的强大的故障转移和备份功能来保护其数据和应用程序，确保业务的连续性。

（三）改善数据安全性

云计算技术可以为企业提供更好的数据安全保障。云计算提供商通常会实施多层次的安全措施来保护客户数据，例如访问控制、加密和安全审计等。企业可以将敏感数据存储在云上，从而避免数据泄露和其他安全风险。

（四）降低成本

通过采用云计算技术，企业可以避免购买昂贵的 IT 设备和软件，减少硬件维护成本和软件许可费用，同时提高 IT 基础架构的效率和灵活性。此外，企业还可以将 IT 费用从固定支出转变为变动支出，以更好地适应业务的变化。

总的来说，云计算技术可以帮助企业更好地管理其 IT 资源，提高效率和灵活性，降低成本和风险，从而促进商业运营的发展。

三、云计算技术在景区商业运营管理的应用

云技术和大数据的崛起，要求对旅游产业战略进行实时更新，紧随时代发展步伐，以先进的现代信息技术对原本传统的机制进行创新，制定科学的旅游战略，进而促进旅游产

业可持续发展。

（一）云计算、大数据背景下 JX 智慧旅游概述

随着云计算技术向各行各业的深入渗透，智慧旅游已经成为新时期旅游行业发展的重要动态之一。如何以云计算技术和大数据技术丰富智慧旅游，强化其信息现代化建设，发挥云计算核心技术的优势，是当下旅游产业发展的重要问题。

2012 年达沃斯世界经济论坛将大数据作为重要议题之一，对大数据的发展及优势进行充分讨论，使大数据技术受到国际上各个国家的重视。大数据技术的本质在于，其通过海量的数据传输处理及储存，深度挖掘各种数据的价值，这是云计算技术的一种突出表现。对 JX 智慧旅游而言，通过引入大数据的理念及技术，可以使其原本的资源开发、客源分析、营销策略、制定旅游产品开发等在海量数据的支持下，满足不同受众的需求，从而获取更多市场，促进旅游产业转型升级。2011 年，国家提出了智慧旅游，希望用 10 年时间，逐步实现智慧旅游。而智慧旅游的发展，必须建立数据思维，认识到数据对旅游行业的促进作用，因此，旅游管理部门应与企业积极合作，整合及共享海量的数据资源，发挥数据的深层价值。

由此可见，JX 智慧旅游的发展必须积极选择云计算及大数据技术将其优势和旅游建设充分结合，以此制定现代化的战略方向。

（二）云计算及大数据技术和智慧旅游之间的关系

云计算主要利用不同计算机的计算集成系统，将计算分散在各个计算机中，利用计算机提高传输速度，满足各种储存请求，有效利用硬件资源。相较于传统的处理技术，云计算技术是在网络技术支持下建立服务器的集成系统，各个用户可对硬件资源进行随心支配和管理。此外，云计算技术支持下的数据为分布式储存，不同服务器中有不同的数据，进而大大降低了数据集中处理可能出现的风险，提高系统的安全性。

云计算技术的硬件资源和软件系统是相互分开的，软件依赖基础硬件，用户可按照自身需求制定个性化的应用服务，提高应用价值，减少不必要的资金浪费。大数据技术是对数据的新型挖掘处理模式，挖掘海量数据的深层价值，了解各种各样的信息资产。其中，包含数据储存、数据传输及处理，都是大数据技术的范畴。

大数据的特点有四个：

第一，大数据的数据规模大，级别达到 PB 级别。

第二，大数据的数据具有多样性，种类繁多。

第三，大数据的价值密度并不高，但商业价值突出。

第四，大数据技术的数据处理速度高且质量稳定，在各行各业中，应用前景广阔。JX 智慧旅游指在如云计算技术、基数技术等信息通信技术支持下，有效整合旅游信息资源，以促进旅游资源共享，为游客提供贴身服务的新型模式，智慧旅游可提高传统旅游服务的效率和质量，促进旅游业稳定发展。

大数据是智慧旅游的核心技术之一，智慧旅游需要对不同种类的游客、旅游市场以及一些旅游资源进行深入分析，而大数据技术很好地满足了智慧旅游的需要，同时，智慧旅游也满足了大数据要和产业结合的发展方向需求。智慧旅游是旅游信息化的新发展方向，要落实智慧旅游，更多的是解决技术方面的问题。智慧旅游的智慧来源于对数据的高效处理，只有利用好大数据技术，才能真正推进智慧旅游建设发展。要利用大数据改善传统旅游，不断深入研究，发现创新升级的契机，进而获取发展优势。大数据技术、云计算技术和智慧旅游具有密不可分的联系，要将先进的信息技术和旅游产业实践相互结合，创造更高的经济价值。

（三）JX 旅游产业发展存在的问题

我国 JX 地区多山多水，文化底蕴深厚，且自然景观较多。例如古今驰名的《滕王阁序》，就对 JX 的“物”、JX 的“人”赞不绝口。JX 地区具有得天独厚的自然旅游资源和人文旅游资源，旅游业的发展前景广阔。据有关资料显示，2016 年 JX 接待的游客已经达 3 亿人次以上，旅游业带来的收入已经超过 2650 亿元，且年均增长量不断提高。2020 年，JX 接待旅游总人数达 6.9 亿人次，实现旅游总收入 8145.1 亿元。JX 旅游产业发展的 10 年来，旅游产业规模不断扩大，但是受交通及经济等因素限制，整体经济发展水平并不理想，一些旅游规划开发及营销投入不多，导致部分游客的观赏兴趣不大，回头客不多。此外，一些配套的服务设施没有优化，使 JX 旅游的发展水平相较于其他地区仍然比较落后。

以下总结了几个 JX 旅游产业发展中出现的典型问题。

1. 品牌文化内涵不深刻

旅游经济本身就是一种由当地知名度转化而来的经济，发挥品牌吸引力，展现出内涵经济，更好地吸引游客眼球，获取更多的游客，促进旅游区域经济快速发展。但在 JX 地区的旅游品牌建设中，景点及景区资源开发不当，且景点景区开发没有和当地的风俗文化相结合，部分景点开发甚至有照搬照套的嫌疑，没有充分挖掘和释放传统文化的内涵，导致景区宣传不到位，影响旅游业持续发展。

2. 旅游宣传力度不大

近年来，JX 地区重视旅游宣传，积极开展“JX 风景独好”的相关地区旅游宣传口号，虽取得一定成效，但宣传力度还有较大提升空间。当下在旅游宣传方面还存在投入不足、宣传对象粗化严重、宣传模式单一且落后等问题，旅游业要认识到宣传方面的不足，不断加大宣传力度。

3. 旅游业的信息化建设不足

旅游业的信息化建设不足是制约 JX 旅游持续发展的重要因素。21 世纪以来，科技对各行各业造成巨大冲击，改变了人们的生活方式和工作方式，为人们带来了便利。而 JX 旅游服务的信息技术应用在硬件配备及软件开发上均存在不足之处，数据开发利用效率较低，且分析手段滞后，无法满足信息技术快速发展下对行业转型的要求，还需要不断发展，将先进的现代信息技术融入智慧旅游系统中。

（四）云计算、大数据背景下JX智慧旅游的战略选择

JX智慧旅游的战略布局应立足于JX省自身的经济发展状况上，从自身出发，注重体制创新，对产业结构进行升级，积极响应省委省政府的号召，落实绿色经济，将云计算技术、大数据技术等高新信息技术充分融合到智慧旅游中，将智慧旅游和云计算技术、大数据技术相互结合，促进JX智慧旅游可持续发展。

1. 丰富品牌内涵

按照JX省自身的文化特色和地域特色，打造自己的品牌。例如可以以“JX风景独好”为核心，强化JX智慧旅游的品牌建设和推广，按照当地独有的文化特点开发新的旅游产品，并完善配套设施建设，开展线上线下的旅游营销宣传，进一步提高JX旅游品牌的实力，宣传JX区域的地域文化特色，让更多的人了解JX、关注JX，从而参与到智慧旅游中。通过云计算和大数据技术，详细分析游客旅游数据，并以云计算技术分析旅游业的发展现状，了解JX旅游业目前存在的不足，积极借鉴其他区域智慧旅游的相关战略，以此为JX智慧旅游提供良好借鉴。丰富品牌内涵，可以借助大数据技术，选择大量游客喜闻乐见的内容，将其体现在JX智慧旅游的内容中，吸引更多游客参与并支持JX智慧旅游。

2. 创新营销模式

以“JX风景独好”为中心，将新型媒体融入旅游营销模式中，发挥新型媒体的优势。可以通过云计算技术和大数据技术，及时传播信息、分析信息，掌握游客的状态，从而针对性地转变旅游营销模式，紧跟时代发展的步伐，提供个性化的营销服务。同时要进一步扩大JX景点，完善现有景点的配套设施，多设置旅游产品，扩大景区的影响力。在旅游产品设计上，可以通过大数据技术，在互联网上对网民发起问卷调查，之后汇总网民的各项意见，以云计算技术分析并绘制图表，清楚了解大众的需求，设计与之相符合的旅游产品。在互联网不断普及的今天，旅游企业积极创新旅游营销模式，丰富现有营销手段，积极举办有创意、有影响力的营销活动，同时也重视一些细节的营销策略。例如在微信公众号的支持下，积极宣传JX景点、JX文化，也可通过拍摄视频、照片的方式，让广大网友对JX旅游产生共鸣，主动到JX旅游；开展全方位的密集推介活动，提高JX旅游的品牌知名度。

3. 积极引用最新的信息化技术

深入挖掘大数据技术和云计算技术，发挥其最大化优势。例如，可通过遥感技术、设备互通技术、信息共享技术等，及时将信息传递给相关部门，提高JX智慧旅游的信息化整体水平，提高旅游方面的整体服务效率，留住更多游客，促进区域旅游业可持续发展。运用信息技术时必须时刻观察时代前沿、信息技术的发展动态，以大数据技术、云计算技术强化JX智慧旅游信息化建设的同时，也清楚了解云计算技术和大数据技术的要求及用

法，挖掘数据深层价值，释放 JX 旅游数据的经济价值。

此外，JX 智慧旅游建设要积极引入专业对口的信息化人才，保证云计算技术和大数据技术得到有效应用。在旅游业现有工作队伍中，要不断落实信息化的培训机制，不断提高相应人员对信息化技术的掌握程度，使其可以熟练运用新媒体对 JX 智慧旅游进行宣传，也可利用云计算和大数据技术处理旅游营销中出现的问题，确保 JX 智慧旅游稳健发展。

第七章

云计算数据处理面临的优势、挑战和展望

第一节　云计算处理数据的优势体现

一、对大数据的挖掘

现在网络上的数据资源越来越多，数据规模也越来越大，这些大规模数据在处理的时候需要占用更多的资源，处理这些大规模数据如果使用之前的传统方式是需要耗费更多的时间和精力的，而且有可能因为处理能力不够，甚至无法将这些数据进行处理。因此，这种海量数据还是需要云计算去进行挖掘，通过对这些海量数据进行处理和分析，从中去捕捉对用户有价值的信息。虽然在这海量数据中去搜寻少量的信息如同海底捞针，但是对于云计算而言却是非常简单的，它处理数据的速度和效率非常高，有它在，筛选有用信息简直信手拈来。

（一）云计算与大数据标准化挖掘平台的关系

基于云计算视域下，物联网、移动通信、数据自动采集技术等都快速发展，并在人们日常生活中占有重要地位。人们会根据自身的需求对各类技术进行合理的应用，可充分展现出各类应用技术的重要作用。其中就包括数据挖掘技术，它在现代化社会的发展中引起各领域的高度重视。从大数据标准化挖掘平台的建设与发展角度分析，主要的核心工作就是对各类信息数据的分析、管理、挖掘信息源等，传统化的集中式串行数据挖掘方法，已经无法满足现代化的发展需求，为全面提升数据挖掘算法处理大数据标准化的能力，还需结合其自身的发展需求与云计算的综合分析。通过对云计算的应用，可多角度、全方位地考虑、分析大数据标准化挖掘平台的关键技术，为大数据标准化挖掘平台的建立与途径的创新等提供有利条件。

云计算，是现代化互联网先进计算方式，最大的特点与作用就是能够为网络平台软硬件资源与信息数据的共享，为计算机及相关设备提供有价值的信息数据。并且，云计算还集结了计算与分布式的应用优势，可根据不同用户的不同需求，提供最大化的便利。大数据标准化挖掘，主要是指针对海量信息数据的挖掘、分析、提取等，提升信息数据的应用价值，能够为各用户科学决策的制定提供重要信息价值，对现代化社会的发展具有重大的影响。结合云计算与大数据标准化挖掘特点与性质的分析，两者之间以相互促进、相互辅助的关系存在。云计算能够为大数据标准化挖掘平台的建立与应用创新出更多的途径，为其建设与发展奠定良好基础，可提高信息数据计算处理效率，满足各企业的发展需求，为各企业带来巨大的经济效益。而大数据标准化挖掘技术，是云计算发展中重要的组成部分，有明确的任务，主要包括预测任务与描述任务，预测任务是对目标属性值的科学预测，描述任务是对不同信息数据之间的联系模式进行详细描述。

（二）云计算在大数据标准化挖掘平台构建中的重要性

在现代化社会的发展中，各行业的发展速度加快，无论是在人们的日常生活中，还是工作中，都会接触到海量的信息数据，在海量的信息数据中，想要迅速地获取到有价值的信息数据，那么就需创新出多样化的获取路径。通过对大数据标准化挖掘平台的建设，引进云计算，可对海量信息数据进行深度挖掘，不仅对各领域的发展产生积极影响，而且为人们提供重要的信息价值，全面提升人们的工作效率。为了在最短的时间内对海量信息进行数据分析，并高效率地提取出重要的信息数据，建立大数据标准化挖掘平台是其重要的基础条件[3]。但是，传统化的建设理念与建设模式，已经无法满足现代化社会的发展需求，并且还会在应用的过程中涌现众多的问题，对信息数据的价值获取、挖掘等效率产生不利影响。那么对云计算的引进与应用，可根据大数据标准化挖掘平台的构建需求与发展目标为分析主体，创新多样化的建设路径，最大化地满足现代化大数据标准化挖掘平台的建设要求，即对各信息数据的合理支配，云计算把复杂化的计算任务分布到各计算机组成的“云”中，明确云系统中各功能的具体任务与目标，既拓展更多的系统功能，又可满足不同用户的不同需求，可全面提升信息数据挖掘的效率与价值。数据挖掘工作，主要就是对海量信息数据的加工与处理，利用计算机技术对各类信息数据的筛选、分配，解决大数据标准化复杂、模糊等问题，全面降低信息数据运算成本与存储成本等。

除此之外，云计算的共享资源存储具有自身独特的优势，服务器群体更是令人咋舌，所具有的超强计算能力是其现代化社会发展的“宠儿”。结合目前大数据标准化挖掘平台的建设与发展情况分析，大多数的算法都是以整体系统为中心，会对各信息数据进行统一处理，但是却无法确保各类信息数据的应用价值。而云计算最大的特点就是能够突出对平台的合理应用，可针对海量信息数据进行全面分析，具有较强的挖掘能力与处理能力。无论是平台的运行，还是对海量信息的储存，甚至是对软件的开发与应用等，都可以充分展现出其自身“包罗万象”的特点，为更多用户提供高质量的服务。

（三）云计算视域下构建大数据标准化挖掘平台路径创新

基于云计算视域下对大数据标准化挖掘平台途径创新策略的分析，主要从大数据标准化挖掘平台构建组成部分角度全面分析，其主要由工作流子系统、用户接口子系统、并行抽取转换装载子系统、并行数据挖掘子系统四部分所组成。而各系统都会有自身明确的工作任务，以相互促进、辅助的关系存在。同时，大数据标准化挖掘平台路径的创新，还对相关工作人员提出更高要求，需要工作人员具备专业化技术与综合能力，结合现代化市场的发展全面分析，确保大数据标准化挖掘服务平台的科学性与合理性。一方面，可使信息数据处理结果更准确，满足不同信息数据的挖掘需求；另一方面，对重要信息数据加大保护力度，为用户自身的合法利益提供安全保障。

1. 工作流子系统

在大数据标准化挖掘平台建设前，需要对其多角度、全方位地分析，能够掌握大数据标准化挖掘平台应用目标及对各系统的科学设计与构建。其中，工作流子系统是大数据标准化挖掘平台建设架构中重要的组成部分之一，主要的应用价值是为用户提供良好接口，根据用户自身的应用需求，对大数据标准化挖掘平台进行正确操作，可确保系统能够及时接收到用户的应用需求，把各项工作合理分配到各系统中，用户对大数据标准化挖掘平台的应用，可利用分类算法、关联规则算法、聚类算法等对其进行实际操作。在大数据标准化挖掘平台中设置工作流子系统，可利用图形化的 UI 界面，为用户提供多样化的服务功能，即使每项系统功能都独立存在，结合具体的应用需求完成各项工作任务，又利用各任务内部维持系统的整体运行。

2. 用户接口子系统

大数据标准化挖掘平台中的用户接口子系统，主要是由用户输入模块与结果展示模块所组成。在实际应用的过程中，要对用户的应用需求与大数据标准化挖掘平台各功能的综合分析，负责对各类信息数据的交互处理，能够确保各信息数据的准确性与完整性，提高信息数据的处理效率，第一时间满足用户的操作需求，并把相关信息数据直观地呈现出来。从大数据标准化信息挖掘平台建设与应用的角度分析，其所采用的计算方法不同，用户可根据自身的需求，正确选择分类算法，能够确保信息数据的准确性。例如，可采用并行朴素贝叶斯算法，用户只需要把自己所需要的信息数据正常录入，然后各系统就会分配具体的工作任务，无论是对信息数据的测试，还是对信息数据的储存等，突出大数据标准化挖掘平台的可视化特点，能够在展示界面中，以直方图、圆饼图等形式呈现出各类信息数据，供用户的查看与使用。

3. 并行抽取转换装载子系统

在大数据标准化挖掘平台应用的过程中，并行抽取转换装载子系统具有重要作用。通常情况下，是对信息数据输出结果、挖掘算法输出结果的处理。随着我国信息化技术的不断发展，扩大了信息化技术的应用范围，传统化的串行数据预处理算法，已经无法满足现代化大数据标准化挖掘平台的发展需求。对此，我国相关部门及人员加大了对其研究力度，通过对信息化技术的应用，创新出多样化的操作途径，为大数据标准化预处理算法应用效率的提升起到促进作用。以并行抽取转换装载子系统的应用效率为基础，设计出多种先进的预处理算法。通过对并行抽取转换装载子系统预处理算法的创新，使系统整体应用的操作更加简单、方便。例如，针对一些无价值的信息数据进行删除，那么在实际操作的过程中，可根据信息数据类别存储模块操作，采用不同的预算方法，使各类信息数据模块相互独立起来，再利用 ETL 算法提高信息数据处理效率，帮助用户在第一时间就获取到重要的信息数据，从而满足用户的应用需求。

4. 并行数据挖掘子系统

在大数据标准化挖掘平台建设路径的创新过程中，为增强平台的应用效率与信息数据挖掘速度，还需要明确大数据标准化挖掘平台的核心部分，就是并行数据挖掘子系统，由并行关联规则算法、并行分类算法、并行聚类算法所组成。那么在实际应用的过程中，就需要对大数据标准化挖掘平台整体的全面分析，考虑到其系统所含有的算法种类比较多，对各类算法的应用要符合系统应用标准，能够满足用户需求的同时，为用户提供灵活接口，帮助用户集成新的算法提供有利条件。

（四）提高大数据标准化挖掘平台基础性设施服务质量

大数据标准化挖掘平台基础性设施服务，主要是指向大数据标准化挖掘平台基础性支持，为计算资源进行信息化的服务，提升大数据标准化挖掘平台信息资源的访问能力。其中就包括远程数据资源服务，从大数据标准化挖掘平台的发展角度分析，其属于托管式行为，可利用计算机技术对信息数据进行远程库操作与仓储等，使大数据标准化挖掘平台具有先进性的特点，既为用户的使用提供方便与快捷的方式，又展现出大数据标准化挖掘平台的应用价值。那么对大数据标准化挖掘平台中各业务流程的完善，能够确保信息数据挖掘过程的简便性，使挖掘出的信息数据简洁明了。应用服务，主要的核心工作就是对大数据标准化挖掘平台软件的开发、运用，拓展平台应用功能与系统，注重数据系统挖掘的远程开发与整合，全面提升大数据标准化挖掘平台的应用价值。

二、节省处理数据的成本

以往处理海量数据的方式，通常需要企业自己去购买单独的服务器，还有储存数据的设备，以及安全防护软件、网络上各种和处理数据相关的设备等，这些实体设备都需要花费大量的金钱，不仅如此，因为这些设备在使用中还可能出现故障和问题，后期还有一笔维护设备的费用需要支出，需要消耗大量的财力才能对数据进行比较理想的处理，成本是非常高的。有了云计算以后，这些固定成本和支出再也不需要了，企业可以通过云计算平台直接去购买处理数据的服务，购买成功以后直接就能进行大规模数据的处理，不需要购买任何实体设备，操作简单，为企业大大节约了处理数据的消耗成本。从相关部门公布的数据来看，2020 年中国互联网用户数量已达到 10.8 亿，庞大的互联网用户群体产生了巨大的市场潜力，以网络购物为例，2020 年网络购物的交易金额达到 6.66 万亿人民币。为更好地发挥网络产生的数据优势，有针对地实现技术创新、服务创新，需要对网络运行过程中产生的数据进行必要的发掘、归集和应用，逐步实现数据的资源化。为达到这一目标，可以尝试将云计算技术与分布式网络海量数据处理结合起来，逐步打造成熟、稳定、高效的数据处理系统，根据用户的需求，定向完成数据的处理任务。

（一）分布式网络数据特性分析

分布式网络由不同终端设备互联形成，与其他网络架构相比，分布式网络可靠性较强，当网络出现故障后，故障区域的终端设备仍旧可以借助其他线路完成对外的信息交互，并且延展性较强，扩充难度较小，网络运营商可根据用户分布特点、网络使用需求，灵活扩充网络的范围。这种技术优势使得分布式网络逐步成熟，成为一种主流的网络构架方案，例如 IEEE802.16h 网络、CogNet 网络作为典型的分布式网络，广泛应用于不同的领域之中。分布式网络用户数量较大，运行过程中产生了大量的数据信息，这些数据体量庞大、类型复杂、密度较高，给后续的数据挖掘、处理等工作带来了极大的不便。

为实现分布式网络数据的有效处理，部分研发团队采用分析算法与模糊聚类算法，对数据开展集中式处理，但是从实际情况来看，这种数据处理系统难以在短时间内完成数据处理任务，并且对于数据挖掘、处理的效果不佳，影响了实际的用户体验。在这种情况下，部分研发人员有计划地将云计算技术引入分布式网络数据处理之中，旨在借助云计算技术的特性，解决过往数据处理过程中出现的各类技术问题。经过多年发展，云计算技术逐步成熟，形成了涵盖软件服务、平台服务和基础服务的多种技术服务模式，用户可以根据自身的工作需求，向服务器发送指令信息，服务器接收指令后，及时做出反馈，根据需求完成相关任务。云计算技术具备较强的实用性，用户在不需要投入资金、更新软件和硬件的情况下，就可以获取各类资源。这种特性无形之中增加了云计算技术在实践过程中的实用属性。云计算技术在分布式网络数据处理过程中的应用，可以在不影响网络自身运行状态的情况下，实现数据的快速发掘和准确表达，根据不同的数据处理要求，将人工智能、模糊计算、统计学等不同领域的技术，有针对性地应用于分布式网络数据的日常处理之中，在提升用户使用体验的基础上，保证了分布式网络运行的质效。

（二）云计算技术背景下分布式网络海量数据处理系统设计思路

云计算技术与分布式网络海量数据处理系统的结合，要求研发人员从实际出发，以数据特点、处理需求为导向，明确分布式网络海量数据处理系统设计思路，增强系统设计的指向性，满足不同场景下分布式网络数据处理需求。

为确保云计算技术在分布式网络海量数据处理系统设计中的有效应用，保证系统设计的针对性，研发人员在系统设计环节，需要结合分布式网络数据特性和云计算技术的优势，快速调整思路，确保数据处理系统设计的有效性。从过往经验来看，分布式网络数据产生能力较强，以某分布式网络为例，其每天产生的数据达到400万条，为实现数据的有效处理，需要针对待处理的数据开展查询、分析、对比等操作，避免数据遗漏或者丢失的情况发生，因而整个数据处理的周期相对较长，影响了实际的使用效能。为应对这种局面，在分布式网络数据处理系统设计过程中，可以从热点数据标识、数据分类存储、数据分解等角度出发进行系统框架的构设。

具体来看，在热点数据识别的过程中，可以设立热点数据对照表，将数据发掘过程中出现频率较高的数据单独进行获取，并复制到对照表中，同时利用同步机制进行热点数据的同步更新。这种设计方式可以在满足热点数据获取需求的前提下，减少对全部数据的检索频次，合理控制数据处理系统的负载。考虑到分布式网络数据体量较大，在数据挖掘、提取的过程中，可以采取分区的方式，将网络服务器以及磁盘等存储设备进行分区处理，这种分区存储的方式，可以保证数据查询、检索或者提取的过程中，能够最大程度地控制工作体量，减少等待时长。通过系统分析可知，该系统在很大程度激活了数据库在数据处理方面的技术优势，对于云计算技术的应用提供了便利条件。对于某些数据体量过大的处理任务，在数据处理系统设计的过程中，可以根据云计算技术的特点和数据处理的要求，对任务进行分解，将同一个任务划分为若干部分，这种分配方式不仅可以确保数据处理任务的快速完成，还可以有效降低整个数据处理系统承受的压力，保证了数据处理的稳定性和有效性。

（三）云计算技术在分布式网络海量数据处理系统中的应用

云计算技术在分布式网络海量数据处理系统中的应用，要求研发人员在科学性原则、实用性原则的基础上，在系统设计思路的框架下，结合云计算技术特性，采取系统化、完备化的技术手段，扎实做好分布式网络海量数据处理系统设计工作。

1. 转变数据系统处理思路

为保证云计算技术在分布式网络海量数据处理系统中的顺利实现，研发人员需要在明确分布式网络海量数据系统设计思路的基础上，进一步做好设计思路、研发理念的有效转变，通过观念的提升，确保云计算技术与分布式网络海量数据处理系统的有机结合，以更好地增强数据信息的处理能力，切实满足现阶段的数据系统处理要求。具体来看，研发人员需要明确分布式网络海量数据处理的定位，明确热点数据标记、数据分类存储等工作要求，在此基础上，梳理云计算技术的应用思路，以保证海量数据处理的有效性，避免出现数据处理漏洞，影响后续的相关技术活动。

2. 建立数据挖掘基本模型

云计算在分布式网络海量数据处理系统中的应用，需要借助于数据挖掘技术等模型，对庞杂的数据进行分类别的明确，以保证数据处理的有效性与合理性。为保证这一技术活动的有序开展，研发人员应当有针对性地开展好数据挖掘工作，并根据相关技术要求，设立数据挖掘模型，以保证数据挖掘的有效性与合理性。在数据挖掘模型设置环节，研发人员可以从用户层、运算层、服务层等相关角度出发，进行合理的功能性划分，以保证数据挖掘的有效性，确保用户可以在短时间内，快速完成数据的收取、转化、清洗、归集和加载等相关任务，保证数据处理的高效性。

3. 持续优化系统运行算法

在进行算法设计的过程中，研发人员可以采用 SPRINT 算法，根据系统设计的基本思路，率先完成决策树的创建，决策树创建完成后，需要进行多次数据处理的尝试，根据尝试结果，对决策树进行优化调整，以保证决策树运转的高效性。同时为便于查询，可以在算法中设置索引、类别等查询端口，以确保数据的有效归集，工作人员根据数据处理的任务要求，快速完成各类数据处理任务，以保证数据处理的有效性。

三、处理数据快捷稳定

传统处理数据的方式是将数据处理好之后，把数据储存在自己购买的服务器上或者储存设备当中，服务器和储存设备是有使用寿命的，而且它们的网络安全性也较低，还需要购买杀毒软件等来维护设备的网络安全，一旦被病毒感染或者设备出现故障就可能会导致数据丢失，这样处理好的数据就毁于一旦，处理数据的风险比较高，稳定性比较差。在云计算平台上就避免了这些问题，就算工作时的设备出现了故障，处理好的数据也不会丢失和出现问题，依旧保存得非常完整，数据也会非常安全，不会出现丢失或者被破坏的情况。

（一）数据传输安全分析

在云计算的作用下，云安全含义逐渐形成，具体来说，云安全主要指在用户借助云计算技术来实现计算机数据处理时，让数据安全性得到了保证。用户端数据和数据安全往往呈现出正比关系，随着应用群体数量的增多，涉及的计算机数据范畴将不断扩充，假设计算机遭受病毒的攻击，可以在云计算技术的作用下实现病毒的拦截，以此让计算机数据安全性得到保证。

首先，IaaS 基础设施即服务可以为用户提供对应的服务，也就是对各个计算机基础设备进行操作和应用，其中包含了 CPU 处理、数据保存、数据传递等。

其次，PaaS 平台即服务则是指把云计算中各个服务器及开发环境当作服务，通过 PaaS 平台，用户能够结合自身需求实现对应操作流程的部署和应用。

（二）监督数据资源共享

网络资源在传输过程中遭遇到的安全威胁是用户时时刻刻关注的问题，因此在具体的工作和管理中，需要提高云计算网络安全技术的应用程度，通过不断创新安全模式，完善相应的防护体系，从而有效消除安全性问题，提升数据传输的安全性和稳定性。具体在应用过程中，可以借助云计算技术的优势，对数据传输的整个路径进行监控，保证传输通道环境的安全性，一旦出现问题及时进行预警，有效预防黑客的攻击，以降低网络安全事故发生的概率。云计算的网络安全技术在应用过程中，需要重点对用户的密码进行设置，从而有效避免出现密码被盗用的情况。近年来，由于信息盗取造成的后果不断加重，因此需要做好预防工作。对于计算机设备，需要加强保护，并积极引导用户设置密码，确保密码等级符合要求。同时，还应该树立正确的网络应用观念，通过积极总结经验，不断完善工作模式，从多个角度提升用户的安全性。

（三）注重数据使用安全

计算机用户本身的安全意识也是当前需要关注的重要方面，为了进一步提升用户数据信息和计算机系统的安全系数，需要重视身份认证工作，具体可以使用实名制的方式进行认证处理，从而不断提升整个网络结构的安全性。但在应用过程中也需要防止出现假人名，以提高网络数据信息窃取的预防水平。计算机网络环境算是一种相对开放的环境，在使用过程中会面向大量的用户，通过重视用户的身份认证，可以有效避免用户对数据的非法访问。通过对数据库信息进行加密处理，可以确保数据库信息的安全性。这种加密处理可以在原有数据信息的基础上进行算法的处理改进，使用者可以通过自身的权限获取想要了解的信息，如果没有解密方式，不法分子将难以获取数据的原始信息。

（四）重视开发相应程序

通常情况下，对于计算机的代理服务，内网隐蔽处理可以提升网站平台的访问速度，可以避免不安全网址带来的不良效应，从而为计算机的安全防御水平提供一定的屏障。在计算机数据的使用中，由于安全性威胁导致的数据丢失问题，可以通过备份和恢复改善。这种恢复性功能也可以保证数据的一致性和完整性，通常有逻辑备份、动态备份以及静态备份等几种情况。计算机黑客数量增多，净化网络环境显然存在较大难度，但通过必要的防范措施依然可以在数据库信息的保护中起到关键作用。而使用防火墙保护工具就能很好地为计算机网络提供一种安全保障。使用防火墙，可以在一定程度上防止黑客入侵。为了进一步提升云计算的网络安全应用效果，需要及时对安全保护系统进行优化设计，从而不断增强安全系数，以更好地满足市场和用户的要求。

第一，对于防护系统而言，需要具备基本的防火墙、屏蔽保护、锁屏保护等功能，从而在一定程度上确保信息数据资源传输的安全性和高效性。

第二，在设计过程中需要重视甄别系统的设计，发现问题信息应该及时进行处理，从而降低安全隐患。这种甄别设计对于预防黑客攻击、减少攻击行为具有重要的意义。

第三，相关的负责部门应该结合市场的实际需求，积极引进国外的高水平过滤技术、病毒防范技术以及防火墙等技术，通过确保系统的隐蔽性不断提升系统的安全水平。

第二节 云计算在处理数据方面面临的挑战与展望

一、云计算在处理数据方面面临的挑战

（一）云计算面临安全问题

之前传统的数据处理完成以后，把数据都储存在自己购买的服务器或者储存设备中，为了防止这些数据被病毒侵入和泄露，直接将设备断电断网即可，通过将它们隔离起来就能实现数据安全，但是云计算并没有实体设备，它做不到这样的物理隔离来保护数据安全。在现在的互联网大数据时代下，云计算平台本身就容易出现数据泄露的情况，毕竟云计算处理数据的方式就是通过网络共享来实现的，这也是它能够实现数据处理快、成本低这些优势的原因之一，而互联网上的共享本身就会存在数据泄露的风险。在云计算这种模式下，网络上的服务器在互联网环境中大多数都是处于透明状态，数据信息很多都暴露在外，安全问题存在隐患。

1. 云计算环境下计算机网络安全问题

（1）身份验证问题

云计算服务的提供方给用户提供了多种类型的资源及其使用方法，不同的用户在登录云计算系统之后能够获取相应的云计算服务。但不同用户本身的运行环境存在差异，用户

信息的安全性成了这一阶段的关键点，因此用户身份认证问题就显得至关重要。如果云计算服务的提供商未能做好身份验证，就可能导致服务资源受到破坏，最终影响计算的安全性。通常情况下常见的身份验证方式包括三种类型，即依据用户知晓的信息来验证、依据用户拥有的事物来进行验证以及依据用户具有的信息来进行验证。尽管多种安全鉴别方式在保障措施上比较完善，但此类安全问题仍然不可忽视，特别是生物识别与传统静态密码验证方式的结合要求等。

（2）网络层安全问题

网络层安全问题即部署网络阶段针对网络设计安全机制方面的各项措施。对于公共的云服务来说，在不同的安全要求标准之下应该改变对应的网络拓扑，并且综合评估可能存在的不同安全隐患。一是公共云服务中的数据信息保密程度，二是资源的合理访问控制，三是云端资源利用。云计算本身具有开放性，很多信息资源会直接出现在云服务所提供的共享网络层面，因此，出现安全漏洞的可能性随之产生。在资源访问和控制阶段，现代社会的人群对于网络的依赖程度明显增加，依赖于对网络安全进行架构。云计算内部的PaaS层与SaaS层中已经不存在网络区域，层和层之间也应该设置好安全隔离，而不是单纯地展开物理隔离。

（3）主机层问题

当前针对云计算主机进行的攻击相对较少，但针对虚拟化的攻击内容则比较常见，如虚拟机逃逸和管理程序问题等。云计算网络所连接的大量计算机主机都安装着相同的操作系统，在考虑到主机层问题时，就应该将PaaS、SaaS以及公共云等进行综合评估。

（4）应用程序安全问题

应用程序安全是整个网络系统的核心部分，解决好应用层的安全问题作用非常突出。通常情况下，为了确保应用层面的安全性需要先对安全程序进行整体化评估，从而合理地设计应用程序。对于用户而言，通过浏览器来获取云计算服务的过程中，浏览器的安全风险显然成为管理重点。网络应用程序会受到攻击，此时基于主机和网络的安全访问控制就可以建立在私有云或某些内部网络中，从而得到良好的管理和防护，不过一些部署在公共云的网络应用程序被入侵的安全风险会相对更高。

2. 计算机网络安全评估

（1）网络安全态势评估

网络安全态势评估最早出现在军事领域当中，而当前互联网技术的发展使得人们开始重视网络安全。以云计算为例，在云计算广泛应用的过程中本身会面临大量的攻击和威胁，云计算针对不同类型的安全威胁会采取不同类型的安全控制机制。因为云计算本质上是一个分式网络结构，不同区域在不同的网络环境中，所以当网络出现问题很难进行准确定位。因此，安全态势评估充分利用了安全管理技术，融合了多个层面的安全保障功能。

首先是原始事件采集技术，目的在于获取云计算中不同安全设备产生的数据信息，然后对数据进行预处理后将其存储成为统一的格式。

其次是安全态势值的算法，即网络某一段时间内的安全状况可以通过安全态势值来反映，经过数学计算来获得结果，快速而准确的算法显然是非常关键的组成部分。

最后是安全态势评估方法，能够体现出网络系统的运行状况及某些潜在的安全问题，从而精确地定位安全数据，然后动态地呈现出网络运行模式。例如，通过数据挖掘技术就可以呈现出历史数据与网络运行情况之间的内在关系，然后提前针对可能出现的安全攻击做好部署。

（2）评估技术

在安全态势评估技术当中，对于安全态势值的计算至关重要，态势值越大，网络运行的稳定性越差。将采集到的网络信息转化为几组不同的数据后就可以得到安全态势值，然后观察数据变化评估网络的安全状态，判断网络是否正在遭受威胁。

其中第一层是感知层，这也是整个态势评估模型的基础组成部分，在技术手段上已经相对成熟，处理这些采集到的数据之后就可以获取网络运行状态的信息，并且可以将这些信息转化为人们更加容易理解的 XML 形式等。

第二层是评估层，这是对获取数据进行安全识别的工作层，能够在这一层中挖掘不同安全事件之间的相关性，然后生成曲线图来体现出系统的安全标准。

第三层是预测层，这层按照以前和当前的网络安全态势评估未来的态势趋势，以便尽快采取处理措施。云计算的主要特征就是大量的数据资源。数据之间出现的冗余与数据信息处理问题给态势评估工作带来了新的挑战，且现有的技术理论中会涉及数据挖掘与数据融合技术的应用。前者按照预先设定好的数据属性将挖掘出来的信息数据进行归并，可以看作是一种面向属性的归纳技术。后者则是在相应的准则下将来自同一数据源的信息进行组合后达到更高的处理进度，常用方法包括神经网络和模糊推理系统等。

（3）安全态势评估模型

云计算网络安全态势评估模型中主要包括输入信息模块、评估模块以及知识库等。其中输入信息模块记录的原始安全事件会转化为处理后的事件数据，并且得到系统安全状况相关的数据集，对应的是网络中可能发生的不同安全事故。评估模块是评估体系的关键点，包括数据挖掘模块和数据融合模块，可以对比安全态势数据的不同指标，然后根据处理历史信息和安全数据来进行挖掘，并分析未来网络运行状态。知识库则是评估系统中的主要依据，包括训练集、案例库、规则库以及评估结果展示等，网络安全等级和安全事件等都可以以图形或表格方式来呈现。

（二）云计算面临的性能问题

现在由于社会发展速度快，人们的碎片时间也变得越来越少，人们已经没有耐心去长久干一件事，更多享受的是快节奏的消费和快乐，在人们访问网站的时候，如果网站延迟超过 5 秒左右还无法正常打开的时候，很多用户都会选择关闭网站离开，再去找下一家企业的官网进行访问和查看，这种用户的数量还不少，起码占到将近二分之一。这些都是对云计算性能的直观表现，云计算的性能主要是受数据中心的延迟和网络设备的配置高低两个方面的影响，因为本身网络带宽都是有上限的，加上在设置网络节点的时候也会存在很多限制，还有很多现有技术无法解决的客观因素，从而导致云计算性能会出现问题，在用户体验方面无法做到尽善尽美。

1. 云计算架构配置错误

企业之所以选择将云计算作为业务平台，是看中了云计算在数据存储、服务方面的简单便捷，但云计算平台的架构设计规则与硬件架构基本一致，因此，一旦架构配置出现错误，将会导致企业的预算增多，并且影响云计算平台的性能和企业业务的开展。

2. 降低安全性的优先级

安全性应当融入云计算平台架构的方方面面，以便在进行工作时，能够保证企业业务的安全。云计算平台是需要长期使用的，在进行架构设计时，企业需要考虑到网络攻击带来的影响，为了确保业务和数据的安全，企业可以选择专业的云计算供应商，并使用安全的密码，设置多重访问等。

3. 盲目进行云架构

许多企业在没有进行评估的情况下，没有根据地盲目进行云架构设计，这会加剧企业现有的 IT 问题，给企业的工作增加负载，并且增加了运营成本。想要进行云迁移，企业首先要有云优先的思维方式，这样才能对云架构有自己的规划，方便企业更快学习云计算平台的管理和运行流程，掌握云计算架构的主动权，这样，会让企业的整个云架构以企业的业务为主。

4. 未及时更新计划

云计算是一个不断发展和成长的新技术，正如前文所说，在 AI、5G 等新技术的推动下，云计算得到了空前的发展，如果企业没有跟上云计算发展的脚步，也会导致企业云平台性能的滞后。想要改变这个难题，企业可以在云计算平台架构之初，就让系统学习如何适应新的变化，及时更新云计算配置计划。

5. 没有迁移计划

企业的业务从传统平台迁移到云计算平台，这是一个大趋势，但这并不是一蹴而就的事情，迁移计划应当按周期进行，不能一次性进行迁移。想要成功进行迁移，企业需要制定一个详细的迁移计划，这个计划中还要列举出在迁移过程中会碰到的难题和解决方法，这有助于确保迁移过程中的每个流程、每个步骤是正确的。

（三）云计算监管工作存在问题

云计算涵盖的行业有很多，它本身也是面向大众进行服务的，它的功能就是对数据进行收集和处理，因为它处理数据比较全面，面对的用户人群又比较广，没有限制，就可能导致它储存处理的数据不仅有正常数据，可能还有非法的数据信息，而它无法去分辨哪些用户是正常用户，哪些是非法用户。因此，就需要成立专业的云计算监管部门，设立完整的监管机制，对使用云计算的用户上传的信息进行监管，一旦发现信息违法或者涉及敏感话题，就要对这些信息进行审核和筛选，甚至为避免非法传播要进行删除，如果屡教不改的还要追究其法律责任，只有这样才能让云计算产业得到健康的发展，为大家创造一个安全绿色的网络环境。

1. 监管目标的设定

云计算行业监管目标（解决为什么监管的问题）是构建整个监管体系的出发点和落脚点，监管内容（监管什么）、监管措施（怎么监管）都服务于监管目标。监管目标的设定既要考虑行业长远发展的需求，又要契合我国云计算发展实际。综合考虑，云计算行业监管目标主要有：

（1）消费者权益保护

这个目标与对其他信息通信服务的监管要求并无差异。只有通过监管切实保护了用户权益，增强了用户对于市场的信心，整个行业持续发展才有基础。因此，政府部门应当围绕消费者权益保护这一核心监管诉求，明确监管内容，细化监管措施，完善监管体系。

（2）促进行业的发展

由于云计算技术和服务对提升国家信息基础设施水平具有重要作用，这就要求我国政府部门不仅要承担一般意义上监管的职责（特别是与欧美监管部门相比），还要满足我国经济社会总体发展目标，积极运用发展规划、示范项目、引导资金等产业政策支持国内云计算技术实现自主突破，服务企业做大做强，加速云计算产业创新发展，促进我国信息基础设施发展水平快速提升。

需要注意的是，这两类目标在一定范围内可能存在一定冲突，例如对云计算企业的扶植政策可能与市场竞争政策发生冲突。监管目标一定程度的冲突与我国当前政监合一的行政管理体制密切相关。但从我国实际出发，这两类目标对于促进国内云计算产业健康有序发展都是必要的，只是在产业不同的发展阶段两类监管目标的侧重点会有所不同，政府部门需要做好两类目标的协调。

2. 监管内容的初步考虑

在明确了云计算行业监管目标基础上，相应监管内容涵盖两大类：一是与行业发展秩序相关的；二是与行业发展水平相关的。

（1）与行业发展秩序相关的监管

此类监管内容包括用户信息保护、网络安全与信息内容安全、技术标准（含服务质量标准）、防止不正当竞争、反垄断等。云计算服务的第一类监管内容与其他信息通信服务相类似，不过结合云计算服务的技术与经济特点，有两项重点监管内容需注意：一个是安全监管，另一个是竞争监管。

在安全监管方面，由于云计算服务模式下，为用户提供服务的“云”不在本地，而是用户通过宽带网络接入运营商的“云”中完成消费。对于云服务提供商而言，其 ICT 资源的共享，云服务资源（存储、计算、带宽等）并不为某一用户所专有。一旦发生数据信息泄露（包括被攻击或云服务商主动提供）等安全问题，从个体着眼是单个用户由于自有核心数据或商业秘密遭泄露而受到损失；从群体的角度看，大量企业或个人数据信息存储在"云端"服务器中，信息资源掌控在他人手中。特别是当前国际大型云计算服务提供商大都是欧美企业，这将导致包括我国在内的发展中国家数据信息大量向发达国家汇聚，从而产生巨大的信息资源安全风险。此外，云计算虚拟化的技术特点、集群化的服务模式，使得传统网络安全和信息内容安全风险问题更加突出，例如网络病毒、木马等更容易在云中大规模地传播扩散，对重要信息系统和信息网络带来巨大威胁；各类信息内容在网上大规模流动，不仅加大了及时发现和处置藏匿于其中的违法有害信息的难度，还会带来不同国家（地区）之间由于对违法信息判定标准不统一而造成执法难等问题。

在竞争监管方面，主要是防止在位云计算服务商滥用市场势力，妨碍竞争，损害消费者权益。云计算环境下竞争问题将更加突出，主要原因有以下三个方面：

一是云计算服务边际成本递减的技术特点增强了在位企业的市场势力。在位企业通过将存储、计算、网络、软件等资源聚合在一起形成大规模、分布式共享的服务平台，随着接入云计算服务平台用户数的增加，单位用户的边际成本随之降低，企业垄断能力不断提升。

二是目前云计算行业尚未形成统一的标准体系，在业务层面仍未实现互联互通，这将导致用户一旦选择某一云计算服务商，有可能被长期"锁定"。这种情况下，即使出现更有效率的新服务商，用户也可能由于转移成本高等原因不能随意选择。

三是针对基础电信企业而言，可能还存在垄断势力向"相邻市场"延伸的可能性。这主要是由于云计算服务的基础是互联网数据中心，不管是 IaaS（基础设施即服务）、PaaS（平台即服务）还是 SaaS（软件即服务），大规模、高可靠性、具有市场竞争力的 IT 服务，都需要有规模化的数据中心支持。在我国，基础电信企业在数据中心业务市场占据主导地位，决定了其在 IaaS（基础设施即服务）市场具有得天独厚的竞争优势。这种竞争优势，有可能随着基础电信企业对 PaaS 或 SaaS 市场参与程度的加深而带到上述市场上去，对其他专业 PaaS 或 SaaS 服务提供商产生垂直价格挤压，导致更富有效率的专业服务商退出相关市场。

（2）与行业发展水平相关的监管

此类监管内容主要包括行业科学布局、促进行业整体发展水平快速提升、防止我国云计算服务企业长期锁定于价值链低端等。正如前文所述，这类内容已不是传统意义上政府监管的内容。但我国作为后发国家，传统的监管职责已不能满足当前我国行业发展的实际需要，即我国政府需承担的监管职责要比欧美国家丰富得多。特别是当前国际大型云计算服务企业都是欧美企业，已在部分细分市场上形成一定的垄断力量，像我国这样的发展中国家仅凭企业自身去参与国内外竞争，有可能面临被淘汰出局的风险。因为云计算普遍被认为是继计算机、互联网之后第三次信息通信革命，如果我国云计算行业发展滞后了，这将导致我国信息通信行业发展水平与欧美强国之间的差距被拉大。据此，我国政府部门应发挥积极引导作用，通过政府"有形之手"，加速推动云计算应用的丰富，促进云计算市场的繁荣，支持云计算企业做大、做强，力争占领全球云计算产业发展的制高点。

二、云计算在处理数据方面的展望

未来，云计算在处理数据方面的展望非常广阔。随着大数据的不断增长和智能化应用的不断发展，云计算将在以下几个方面发挥更加重要的作用。

（一）云计算安全防范发展趋势

1. 应用网络安全隔离技术，强化云网络安全防范效果

网络安全隔离主要包含物理设备安全、虚拟化平台安全、网络安全、数据安全四个方面的安全隔离。云平台的安全性和稳定性想要得到有效保障，应完善云计算环境的安全功能，利用入侵识别技术对相关数据进行及时的识别，在一定程度上可避免病毒和其他攻击的侵入。另外，对于一些已经传输到云端的数据，需做好数据加密处理，这样能够有效避免入侵者直接盗取用户的重要数据信息，使运算数据储存更加可靠、传输的数据信息能被保护起来。借助网络服务器安全防范技术的应用，进一步强化了计算机网络安全的有效防护，从而提升了数据安全性。

2. 融入多种安全防护技术，构建完善的安全防护系统

（1）防火墙技术

防火墙是介于内部网络与外部网络之间的网络安全系统，可结合特定的防火墙策略进行数据访问需求放行。策略一般是遵循"最小化"原则，结合业务侧的实际需求，细化到源 IP 地址、目的 IP 地址、源端口、目的端口等粒度。

（2）防病毒技术

云计算技术运行过程中经常会遇到网络病毒的入侵和威胁。由于当前网络中的病毒越来越多，其程度或者病毒的形态也都在发生着改变。因此，云计算网络安全技术想要提升，应该对出现的病毒进行阻隔。例如，应用不同类型的反病毒技术，加强对病毒的有效防御。技术人员利用动态性的反病毒技术，开启对病毒的主动防御，从而提升病毒防御的质量和效果。

（3）系统加密技术

由于计算机网络兼具开放性的特质，导致计算机网络系统在运行过程中很容易受到各类病毒的入侵，直接影响到数据的安全性。为了能够使得云计算环境下的网络环境得到有效保障，需要利用加密技术，将其应用到整个网络系统之中，达到保护数据安全的目的。其中，加密系统能对网络中潜在的风险进行过滤，然后将恶意破坏信息消除，使得系统中出现的黑客攻击行为、病毒入侵行为得到有效的遏制。系统加密技术为数据的共享等提供了有效的保障。

（4）漏洞扫描技术

网络漏洞为病毒入侵和黑客侵入提供了"主要条件"。因此，云计算背景下的计算机

网络安全技术应用选择使用修复技术和漏洞扫描技术，使计算机网络安全风险得到有效的控制。在使用这些扫描技术时，相关人员需要合理利用漏洞扫描技术，这样才能使计算机系统更加安全。

（5）防护溯源工具

通过业内数据扫描发现系统，快速高效地识别出组织内部敏感数据及分布位置，同时借助工具对敏感数据传播途径进行防护；对于已发生泄密的（如拍照、文档外传等），通过数字水印技术，可对泄密事件进行追溯，这在技术层面能对员工泄密起到震慑作用，有效预防员工泄密事件发生。

3. 基于角色的云平台虚拟机安全访问控制

云环境下计算机网络安全技术在使用过程中，可以利用控制访问技术，对访问进行有效的控制。针对云计算平台中用户之间的数据区分问题，以及恶意用户窃取平台中数据的问题，提出一种基于角色的访问控制策略。该策略解决了平台访问者客观信任和主观信任的问题，通过虚拟化技术，在数据隔离存储后，为云用户分配相应角色，在用户访问过程中，对用户密钥证书和信任等级进行综合验证，更好地保证云计算平台数据的安全性与可靠性。

4. 提升网络安全应急处置水平和专业人才能力

应用云计算网络安全技术，使网络性能提升，将为更多用户提供便利，保障云计算平台的安全运行，提升数据的大力传输和安全共享。开展云服务应急响应机制审查，包括制度、组织、流程、实践等方面，检验云服务应急响应水平。开展应急预案演练，模拟云服务器运行事故，检验监测预警、评估分析、应急响应、故障回复、信息通报等能力。加强对计算机网络安全技术人才的大力引进尤为重要，一方面，通过定期召开技术交流培训会，让这些计算机网络安全人员了解更多数据传输中存在的安全问题，从而帮助相关技术人员能在第一时间解决存在的问题。另一方面，全面加强工作人员的安全责任意识，让他们充分认识到安全问题监管发挥的重要作用，在技术攻克上、数据安全问题的解决上做好人力支撑。

5. 加强安全管理和监测，营造良好的网络环境

当前，网络应用环境较为复杂，面对这一问题，云计算背景下的网络安全技术在应用时，需要发挥数据传输和数据信息监管作用，结合各方的力量，全面加强安全管理，包括安全审计、传输安全、安全监控、Web 安全等相关内容。致力于做好安全审计工作，并以日志的方式开展问题的监督和防控；加强网络内部和外部的管理，致力于做好对用户数据的有效监管和保密措施，从而使数据更加地完整，促进数据的有效传输。

（二）云计算下虚拟化安全测评发展

信息系统安全测评是指从信息系统建设完毕到废弃之间的这段时间内，依据国家和行业有关信息技术标准，对信息系统的安全控制措施（可用性、可控性、可信性）进行科

学、公正的综合评估，从而给出系统现有安全状况是否符合相关规范要求的准确判断的活动。

安全测评主要手段包括白盒级核查和黑盒级测评两方面。其中，白盒级核查是基于测评对象的安全设计机制，测试验证实现与设计机制原理的一致性，确保测评对象按相关标准实现相应的安全功能，具备安全防护能力；黑盒级测评则是根据测评对象，直观构造相关攻击，以验证对象具备的防御能力。一直以来，基于网络空间的攻击技术本身处于发展过程中，难以穷举。针对云计算虚拟化安全测评以核查测评为主，并辅以必要的攻击性测试内容。

由于虚拟云计算系统的构建各有其差异性，为屏蔽基于具体的设备 / 系统组成和形态的差异，基于抽象功能、安全加固点为测评对象的方式，提出虚拟化安全测评的要素框架。以下参考等级保护、分级保护的安全防护机制要求，分别分析系统虚拟化、网络虚拟化、存储虚拟化在各种使用场景下的安全需求，提出虚拟化安全性控制要素，进一步分析相关安全测评的内容及方法。

1. 系统虚拟化

（1）主要定位及安全风险

系统虚拟化主要实现对物理主机的各种计算资源的抽象，并提供标准化封装接口，实现资源的最大化利用。它主要的安全威胁包括：虚拟机安全隔离、虚拟机迁移、虚拟机逃逸、宿主机对虚拟机的控制、拒绝服务等。

虚拟机安全隔离。虚拟机的运行模式主要依靠虚拟机监视器和一些软件模块来实现。必须正确严格地划分虚拟区间，随时监控虚拟机状态，如果处理不当，就会出现数据泄漏或系统瘫痪的后果。

虚拟机迁移。在虚拟环境中，一台服务器根据需要在不同物理设备之间迁移，这种场景增加了数据中心的安全风险，使安全管理更加复杂，安全设置更易出现问题。

虚拟机逃逸。由于技术限制和虚拟化软件的漏洞，某些情况下，虚拟机中运行的程序会绕开底层取得宿主机的控制权，导致整个安全模型可能面临崩溃。

宿主机对虚拟机的控制。宿主机对运行其上的虚拟机应当具有完全的控制权，对虚拟机的检测、改变、通信都在宿主机上完成。因此，对于宿主机的安全要进行特别的严格管理。因为所有网络数据都会通过宿主机发往虚拟机，所以宿主机能够监控所有虚拟机的网络数据。

拒绝服务。由于虚拟机和宿主机共享资源，虚拟机会强制占用一些资源，使其他虚拟机拒绝服务。

（2）安全测评要素及主要测评方法

应用过程中，系统虚拟化主要涉及如下对象以及过程：用户登录虚拟机；虚拟机调用本地服务接口，获得各种计算资源；本地客户端通过虚拟网络实现与服务端的连接，并调用各种资源及服务；本地用户通过客户端获得数据及服务，并与云服务端实现各种数据的交流过程；用户在其他物理接入点登录虚拟机；服务器迁移其他物理主机提供服务等过程。通过对系统虚拟化的使用场景，结合安全防护机制要素，提出系统虚拟化安全性防护要素。

系统虚拟化安全问题的核心在于虚拟机监控器（VMM）的设计和配置。所有虚拟机的I/O操作、地址空间、磁盘存储和其他资源，都由虚拟机管理器统一管理分配，通过良好的接口定义、资源分配策略和严格的访问策略，能够有效提升服务器虚拟化环境的安全。

虚拟机监控器安全加固。从虚拟机安全运行环境的建立到系统的安全调用，都能有效阻止恶意应用对云计算平台的安全攻击，如信任链中各环节的权限审查、异常检测以及完整性验证等。

访问控制。控制所有到资源池的访问，以确保只有被信任的用户才具备访问权限。

用户认证。控制所有到资源池管理工具的访问，只有被信任的用户有权访问资源池组件，如物理服务器、虚拟网络、共享存储等。控制对虚拟机文件的访问，通过合理的访问控制确保所有包含了虚拟机的文件夹的安全，同时对访问虚拟机文件的行为进行监管。

安全管理所。有虚拟机都应该先通过租户管理员来创建和保护。

安全控制机制的实现与测评相互独立又相互依存，实现技术本身为测评的白盒级深入提供了依据，实现的目标及需求则可以直接作为测评的内容与对象。基于控制要素框架，通过梳理安全机制实施的目标，对重要的安全实现机制，分析其一般性逻辑过程，提出相关的测评内容和测评方法。

2. 网络虚拟化

（1）网络虚拟化的概念及范围

云计算网络虚拟化是为了解决用户无缝接入和使用云服务通过网络虚拟化技术提高网络利用率，并具备可扩展性和可管理性。通过网络虚拟化可实现弹性、安全、自适应、易管理的基础网络，达到提高数据中心的运行效率、业务部署灵活、降低能耗、释放机架空间的目的。

（2）网络虚拟化的主要安全风险和安全控制要素

按典型的信息系统部署及组成，云计算中的网络虚拟化主要场景分为核心层虚拟化、接入层虚拟化和终端层虚拟化。

核心层虚拟化主要是指对核心层的服务器集群提供虚拟的网络承载服务，是数据中心核心网络设备的虚拟化。通常，核心层网络具备超大规模下的数据交换和接入能力。

接入层虚拟化主要实现对接入用户模拟实现分级接入服务，通过虚拟技术支持各种灵活部署方式和新的以太网技术。

网络节点通信安全是网络虚拟化下最重要的需求。节点通信安全风险主要包括节点间的身份认证、传输数据的保护和监控数据旁路等。

节点身份认证需求：身份认证是网络虚拟化访问控制的基础，需要实现有效、可靠的身份与访问管理。

数据传输安全：首先是数据传输中的保密性问题。应通过身份认证方式确保数据只流向许可的目标，要确保数据完整性以及在传输过程中数据未被篡改，通常使用SSL/TLS协议。在云计算环境中，大部分待处理的数据应被解密，带来了数据处理过程中的安全风险。

监控数据旁路风险：由于相同的物理设备可以虚拟多个计算机，这些虚拟机之间的网络流量有可能不会通过物理网络设备，从而避开了传统网络安全设备的监管，造成盲点。

（3）安全测评要素及方法

网络虚拟化安全机制与传统的网络安全防护机制类似，主要包括网络节点通信安全、身份认证、访问控制、安全隔离、安全审计等方面。

3. 存储虚拟化

（1）存储虚拟化定位及范围

存储虚拟化技术是云计算应用中的重要方面，通过对存储子系统或存储服务内部功能的隐藏或隔离，分离存储或数据的管理应用服务器网络资源，实现应用和网络的独立管理。它解决了存储设备管理效率，不同类型的存储资源整合问题，异构存储系统的兼容性、扩展性、可靠性、容错容灾等问题。

（2）主要安全风险分析及安全技术机制

存储虚拟化的安全需求包括数据的服务端加密存储、数据完整性保护、数据第三方使用授权以及数据可靠性。

数据的服务器端加密存储。为避免云端存储的用户数据明文存储，云服务提供商可在服务器端提供对用户读写透明的数据加密存储功能。用户数据的加解密对用户透明，由服务器端完成，加解密密钥由服务器自身进行管理。

数据的完整性保护。从云中数据所承受的潜在风险角度出发，数据完整性保护的需求主要体现在如下方面。

日志完整性：误用或者恶意软件、用户要掩饰相关痕迹，直接的方法就是修改日志。为应对此类风险，日志必须确保自系统或程序创建后，其内容未经过非法修改。

存储完整性：云环境下用户的大量数据均寄存在云端，数据完整性的验证成为重要需求。而如何对海量数据进行完整性校验，是该需求的难点。

数据的第三方使用授权。如果第三方使用用户的数据，须经过数据拥有者的授权，该过程涉及数据保管者（存储提供者）、数据拥有者（寄存数据的用户）、数据使用者（如第三方应用）。

数据可靠性。数据可靠性主要指在分布式存储环境下对用户数据的可用性保障，主要核心围绕对用户数据的冗余备份，以确保部分节点失效时数据依然可用。

（三）云计算监管工作的开展

监管目标的二元和监管内容的丰富，要求监管措施必须是综合的，要充分兼顾云计算的管理和发展，既要维护行业正常的发展秩序，又要推动行业发展水平的快速提升。

1. 加强行业发展与管理的顶层设计

云计算服务在我国的发展依然处于起步阶段，相关技术创新、服务种类、服务层次、企业实力等与欧美发达国家相比还存在一定差距。面对赶超的压力，我国在坚持以市场机制为资源配置根本制度的基础上，加强政府对行业整体发展与管理的系统性设计。在明确今后我国云计算行业发展的核心技术、关键环节、重点应用等的前提下，结合三网融合、移动互联网、物联网等国内重大信息化战略部署，制定发展目标和路线图，综合运用财税政策、投资政策、信贷政策、土地政策、人才政策、科技政策等，引导各类生产资源同重点支持的部门、企业、环节流动，力争在短期内推动我国云计算规模化的发展。同时，应尽早明确云计算行业的监管思路、监管重点以及监管措施等，改进完善现有监管体系中的制度短板，兼顾发展与管理、发展与安全，为云计算营造规范的制度环境，推动整个行业健康有序发展。

2. 尽快将云计算服务纳入现有的电信业务监管体系

目前，我国电信及互联网领域已发布实施了包括《电信条例》《互联网信息服务管理办法》《电信业务经营许可管理办法》《非经营性互联网信息服务备案管理办法》《外商投资电信企业管理规定》等一系列行政法规和部门规章，在市场准入条件、日常运营要求、用户信息保护、网络信息安全责任、服务质量规范、用户申诉、外商投资等多个方面做出了一般规定，已形成了较为完备的行业监管体系。对于云计算行业而言，服务形式多样，应结合其技术业务特点做进一步细分。建议将与网络资源密切相关的业务形式（如 IaaS）纳入《电信业务分类目录》第二类基础电信业务，明确更为严格的市场准入和安全管理要求，确保为用户提供稳健、安全、可持续的云化资源服务；建议将其他平台服务（如 PaaS，SaaS）纳入《电信业务分类目录》增值电信业务，鼓励创新，鼓励为用户提供丰富的应用服务。针对云计算行业进入成熟期后可能引发的市场垄断问题，既可以从行业监管角度对在位运营商提出特定管制要求，也可依据我国《反垄断法》等一般性竞争法律规范对企业垄断行为进行防范和处置。

3. 尽快制定发布统一标准，引导行业规范发展

对于云计算服务，标准的统一发布具有重要意义，具体如下：

在行业发展层面。目前，困扰我国云计算服务发展的关键问题之一是行业标准的缺失，这将导致产业链上各环节的运营商不能形成明确的市场预期，导致大规模投资意愿不强，进而影响整体发展速度。此外，由于国外大型云计算服务企业一直致力于将自身标准推广成为国际标准，从而掌握整个产业发展的话语权，使得我国云计算企业面临受制于人的风险。

在行业监管层面。相关设备、技术接口、网络传输、数据信息流动、用户信息保护等标准的统一，将有利于政府实施监管，防范惩治企业蓄意损害用户权益的行为。同时，标准的统一也有利于业务间的互联互通，降低用户被某一企业“锁定”的风险，强化市场竞

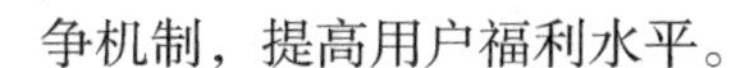

争机制，提高用户福利水平。

4. 加强行业安全监管，落实企业安全责任

云计算平台作为今后各国信息基础设施的重要组成部分，存储着海量数据信息，各类信息内容通过云计算平台进行汇聚流通。这个平台的安全和稳健，对促进整个互联网的持续健康发展具有重要意义。

据此，从政府监管部门看，应明确云计算企业在网络安全、信息内容安全和用户信息保护等方面的责任和义务，并强化事中的安全检查和事后的责任追究，同时要制定重大突发事件应急处置预案，形成闭环监管及日常监管和应急处置相结合的安全监管体系。

从企业角度看，应建立面向客户规模（网络流量）的信息安全管理责任体系，包括专职的网络信息安全管理团队、严格规范的信息安全管理制度、先进的技术支持手段以及相应的资金保障投入等；建立以信息安全评估制度为核心的业务安全管理体系，根据互联网业务非线性增长的规律，区分业务不同发展阶段（可按业务用户规模进行划分），持续对业务信息安全状况开展评估，实时掌握业务动态，确保业务发展可管可控；建设信息安全风险发现和处置的技术保障手段，结合自身业务特点，研发先进的技术保障手段，利用技术手段自动监测自身平台资源的实时状态，从而能够做到对网络信息安全问题的早发现和早处置。

5. 加强监管协调

云计算服务最突出的一个技术特点就是用户数据信息存储和处理不在本地服务器上，而是通过“云端”服务器完成。特别是，云计算平台由于具有规模经济的特点，一个超级云计算数据中心能够实现为多个国家（地区）用户提供云化服务，这将导致网上数据信息大规模的跨境流动。由于每个国家（地区）社会、政治、经济、文化等传统并不相同，社会公众对于什么样的信息内容适合在网上传播并无统一的认识，云计算超级中心的运营将至少涉及三方面的法律责任：云计算企业服务器所在国家（地区）的法律责任，云计算企业用户所在国家（地区）的法律责任，云计算企业注册国家（地区）的法律责任。

参考文献

[1] 乔岚.浅析云计算技术在计算机数据处理中的运用[J].时代农机，2018（1）：167.

[2] 张则剑.云计算技术在计算机数据处理中的应用分析[J].信息技术与信息化，2019（5）：59–60.

[3] 张珍.计算机软件技术在大数据时代的运用分析[J].信息与电脑（理论版），2019（3）：13–14.

[4] 田洁，周宁宁.计算机应用技术在大数据发展下的运用分析[J].信息记录材料，2020（5）：151–152.

[5] 李亚.计算机差异化教育中运用大数据技术的分析[J].数码世界，2017（4）：399.

[6] 谌竞卉.计算机数据库技术在信息管理中的运用分析[J].数码世界，2018（2）：78–79.

[7] 王浩冉.数据加密技术在计算机网络安全中的运用分析[J].数字技术与应用，2017（7）：35–37.

[8] 杜恒.云计算技术在计算机数据处理中的应用分析与发展策略[J].中国新通信，2019（1）：100–101.

[9] 徐珩.分析数据加密技术在计算机网络通信安全中的运用[J].信息通信，2018（2）：188–189.

[10] 郭佩刚.基于“双高”背景“1+X”证书制度下高职院校云计算技术与应用专业人才培养模式研究与实践[J].大众科技，2021（1）：126–128，131.

[11] 秦川.云计算技术在计算机数据处理中的应用——评《基于云计算的大数据处理技术发展与应用》[J].科技管理研究，2021（2）：232.

[12] 崔跃华.云计算时代高校图书馆移动信息技术优化研究——评《云计算时代信息技术在图书馆中的应用研究》[J].中国科技论文，2020（7）：863.

[13] 冯晓青.云计算技术对专利法挑战的全面回应——评《云计算专利法律问题研究》[J].武陵学刊，2020（4）：143–144.

[14] 王建民，王晨，刘英博．大数据系统软件创新平台与生态建设[J]．大数据，2018，4（5）：104–112.

[15] 郭华东．科学大数据—国家大数据战略的基石[J]．中国科学院院刊，2018，33（8）：768–773.

[16] 陈洋．基于大数据的可视化模型描述与管理研究[D]．成都：电子科技大学，2017.

[17] 张彬彬，王娟，岳昆．基于随机森林的虚拟机性能预测与配置优化[J]．计算机科学，2019，46（9）：85-92.
[18] 文必龙，李艳春．基于大数据的试井解释参数分析[J]．计算机应用与软件，2019，36（9）：64-69.
[19] 陈军.网络虚拟化技术在云计算数据中心的应用[J].电子世界，2021（11）：148-149.
[20] 甘云志.虚拟化技术在新一代云计算数据中心的应用研究[J].数字技术与应用，2020，38（1）：70，72.
[21] 贺立.探析云计算数据中心中网络虚拟化技术的运用[J].电脑编程技巧与维护，2019（12）：101-103.
[22] 闫鸿斌.网络虚拟化技术在云计算数据中心的应用[J].电子技术与软件工程，2019（14）：3-4.
[23] 冯婷婷.云计算在智能交通系统中的应用研究[J].萍乡学院学报，2019（6）：76-78.
[24] 范双南.基于云计算的智能交通信息采集系统的设计与实现[J].电脑知识与技术，2019（9）：231-232.
[25] 范双南，周南，彭姣丽，等.基于云计算下的智能交通路径优化关键技术[J].电子技术与软件工程，2020（9）：184-185.
[26] 李家睿，周梦，苏有慧.基于云计算技术的智能交通信号灯控制系统的设计与实现[J].中国新通信，2020（10）：65-66.
[27] 刘勇良.大数据处理与挖掘在智能交通系统中的应用[J].河南科技，2019（4）：138-143.
[28] 边文婕.基于数字信息时代背景下计算机技术发展研究[J].科技资讯，2021，19（36）：4-6.
[29] 王玲.计算机工程技术的应用与发展研究[J].信息记录材料，2021，22（9）：53-54.
[30] 林虎.通信技术与计算机技术融合发展研究关键分析[J].数字通信世界，2021（2）：116-117，127.
[31] 林涵.通信技术融合计算机技术发展研究[J].信息记录材料，2020，21（10）：231-232.
[32] 谢宇霞.计算机网络技术与新媒体技术的融合发展研究[J].信息与电脑（理论版），2020，32（17）：34-36.
[33] 宋斐.浅议计算机软件开发技术的应用与发展研究——评《计算机应用基础（第3版）》[J].机械设计，2020，37（7）：150.
[34] 米尔阿力木江，鲁学仲，曹澍，等.基于网络信息技术化的安全技术与管理策略研究[J].电子元器件与信息技术，2019，3（11）：35-37.
[35] 屠志青，吴刚.服务器虚拟化在计算机文化基础在线考试中的应用[J].电脑知识与技术，2021（3）：82-84.

[36] 王赞波，宾立.浅谈益阳橡机虚拟化服务器及虚拟化桌面建设[J].橡塑技术与装备，2021（3）：50–53.

[37] 杜思山.服务器虚拟化技术在广播发射台数据中心的应用与设计[J].广播电视信息，2020（2）：91–95.

[38] 刘孙发，林志兴.基于虚拟化技术的服务器端数据整合系统设计研究[J].现代电子技术，2020（2）：77–79，83.

[39] 中华人民共和国国民经济和社会发展第十四个五年规划和2035年远景目标纲要[Z].2021.

[40] 国务院.中华人民共和国国务院政府工作报告[Z].2022.

[41] 邵晶晶，韩晓峰.国内外数据安全治理现状综述[J].信息安全研究，2021，7（10）：922–932.

[42] 阙天舒，王子玥.数字经济时代的全球数据安全治理与中国策略[J].国际安全研究，2022，40（1）：130–154，158.

[43] 习近平.把握数字经济发展趋势和规律推动我国数字经济健康发展[N].《人民日报》，2021–10–20（1）.

[44]新华社.习近平出席中央经济工作会议并发表重要讲话[Z].2021.

[45] 史喆文，张抒.云桌面技术在邮储银行的应用研究[J].邮政研究，2020，192（1）：47–49.

[46] 潘燕妮.云桌面在高职院校的应用——以广东岭南职业技术学院清远校区图书馆为例[J].大众标准化，2020，317（6）：193，195.

[47] 方海瑞.基于OA系统的中小企业文档数字化管理模式探析[J].兰台内外，2020，276（3）：7–10.

[48] 李军，杜世举，刘涛，等.企业信息化提升项目OA系统实施与应用[J].冶金自动化，2020（1）：76.

[49] 戴惠丽.基于“互联网+”的双创企业信息化建设评价指标体系研究[J].哈尔滨师范大学自然科学学报，2020，36（1）：24–29.

[50] 刘丽华，薛玉倩.基于云计算的数据挖掘平台的研究与应用[J].通信世界，2018（6）：36–37.

[51] 杨继武.云计算视域下数据挖掘技术[J].电子技术与软件工程，2019（5）：151.

[52] 雷晨.基于云计算技术的数据挖掘平台建设研究[J].信息记录材料，2019，20（3）：4–5.

[53] 黄国庆.云计算技术下数据挖掘平台设计及技术[J].电脑知识与技术，2018，14（19）：10–11.

[54] 胡萤石，陈家晨，徐菱.云计算下数据挖掘平台架构及技术探究[J].无线互联科技，2018，15（12）：60–61，64.

[55] 杨兆波.云计算技术下的数据挖掘平台建构研究[J].电脑迷，2018（5）：29.

[56] 李潇雯.基于云计算技术下的大数据挖掘平台研究[J].计算机产品与流通，2018（1）：21，24.

[57] 石雷.云计算技术下的数据挖掘平台建构探讨[J].自动化与仪器仪表，2017（11）：59–60，63.

[58] 冯娜.云计算环境下数据挖掘信息平台架构设计及实现[J].电脑编程技巧与维护，2017（18）：63–65.

[59] 查道贵，许彩芳，陈伟.云计算平台下数据挖掘算法研究[J].信阳农林学院学报，2017，27（1）：113–115，119.

[60] 卢鹏，芦立华.基于云计算技术的分布式网络海量数据处理系统设计[J].现代电子技术，2020（18）：36–39.

[61] 段剑，王新朝，何晓阳.基于云计算的海量电力数据分析系统设计与应用研究[J].自动化技术与应用，2020（8）：168–172.

[62] 李辉，王建文，叶明雯.基于Hadoop的海量气象水文数据并发处理模型[J].计算机应用，2018（10）：107–108.

[63] 张承畅，张华誉，罗建昌.基于云计算和改进K–means算法的海量用电数据分析方法[J].计算机应用，2018（5）：99–101.

[64] 张博卿.大数据、云计算和人工智能等新技术应用带来的网络安全风险[J].网络安全和信息化，2018（10）：23.

[65] 彭涛.以云计算技术为依托的网络安全评估[J].信息与电脑（理论版），2018（17）：211–212.

[66] 王家红.云计算背景下的计算机网络安全问题[J].现代信息科技，2018，2（8）：168–169.

[67] 吴宝江.云计算安全威胁及防护思路分析[J].通信技术，2018，51（8）：1961–1964.

[68] 马奎.云计算应用下的风险因素分析及应对策略[J].科技传播，2018，10（14）：116–117.

[69] 何嘉林，李奔.基于机器视觉的无人机自主着陆系统研究[J].科学技术创新，2018（11）：18–19.

[70] 杨岳航，陈武雄，朱明，等.基于机器视觉的无人机自主着陆技术[J].国外电子测量技术，2020，39（4）：57–61.

[71] 曾仕峰，吴锦均，叶智文，等.基于机器视觉的无人驾驶系统设计[J].电子世界，2020（5）：197.

[72] 杨磊，陈海华，娄鹏彦.基于机器视觉的无人机避障技术研究[J].内蒙古科技与经济，2019（17）：73–75.

[73] 舒威，杨贤昭，杨艳华，等.基于无人机视觉的储罐表面缺陷检测方法[J].高技术通

讯，2019，29（8）：799–807.

[74] 翟先之，郑灿香，刘华瑞.无线通信与机器视觉在无人机中的应用[J].科技风，2019（19）：16.

[75] 朱莉凯，沈宝国，杨文杰.基于机器视觉的无人机着降定位技术研究[J].数字技术与应用，2019，37（2）：53–54.

[76] 黄洁，唐守锋，童敏明，等.计算机视觉技术在无人机上的应用[J].软件导刊，2019，18（1）：14–16.

[77] 于坤林.基于计算机视觉的无人机目标识别技术研究[J].长沙航空职业技术学院学报，2018，18（4）：47–50.

[78] 杨益平，闵啸.基于计算机视觉的手势识别人机交互技术[J].电子技术与软件工程，2018（12）：138–139.